会 讲 故 事 的 童 书

Magnificent Chinese Science and Technology in Ancient Times

了不起的
中国古代科技③

邱成利　谷金钰　主编

中采绘画　杨　义　绘

中国水利水电出版社
www.waterpub.com.cn
·北京·

目录

52 养蚕

从野蚕到家蚕

你知道吗?

蚕丝能够织造成衣物,帮助人们保暖御寒。中国是世界上最早养蚕的国家。

传说部落首领黄帝(约5000年前)的正妻嫘(léi)祖十分能干,每天带领部落的女人织麻网、采果子、剥兽皮。由于劳累过度,嫘祖病倒了。为了让她能快点儿好起来,一些女人去山里为她寻找好吃的食物,结果在桑树上发现一种白色果子,于是取了回来。嫘祖一看,这些白色的东西并不是果子。她不顾病体跑去查看,最终发现"白色果子"是一种虫子吐出的丝变成的,这种虫子就是蚕。从此,嫘祖开始教大家养蚕,她也被尊称为"先蚕娘娘"。

蚕的一生

你可能会想，嫘祖教大家养蚕有什么用呢？当然有用啦，蚕吐出来的丝可以做衣服。不过，要想养蚕，就要先了解蚕的一生哦。

吃得太撑了，吐点儿丝吧。

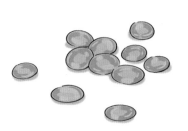

蚕卵

温度刚刚好，蚕宝宝就要从蚕卵里孵出来了。

蚁蚕

啊，这不是假的蚕宝宝吧？又黑又瘦，浑身长满细细的黑毛，只有 2 毫米左右，跟黑芝麻一样大小……因为蚕宝宝和蚂蚁很像，所以被称为蚁蚕。

五龄蚕

蚕宝宝是不折不扣的"吃货"，除了睡觉，几乎一直在吃桑叶。蚕宝宝可真能吃啊，"蚕食鲸吞"这个词就是这么来的吧。蚕宝宝开始变得又白又胖，"旧衣服"穿不上了，就要蜕皮了。蜕皮 4 次后，就成为了五龄蚕。

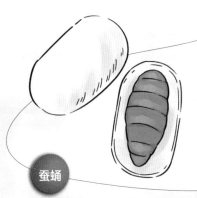

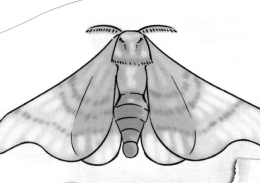

蚕蛹

五龄蚕不再吃桑叶，身体开始收缩，胸部变得透明，然后变戏法似的吐出丝来。它用丝把自己包裹得严严实实的，变成了蛹。

蚕蛾

蛹破啦！一只蚕蛾从蛹中爬出来，好漂亮啊。

春蚕到死丝方尽

从虫子变成蛾子的巨大变化，被称为变态发育。唐朝诗人李商隐曾写"春蚕到死丝方尽"，其实吐丝后的蚕并没有死，而是变成了蛾。

养蚕啦！养蚕啦

了解了蚕宝宝的一生后，现在就来看看古人怎么养蚕吧。

> 这个不够饱满呀！

> 给蚕卵洗洗澡。

腊月浴蚕

把蚕种放进盐水中，选出健壮的蚕种。

清明暖种

把蚕卵放在温水里，清明天暖，更容易孵化。

> 稻草还不够……

> 扎茧山要用很多稻草。

上山

蚕宝宝长大啦，快把稻草扎成小山的样子，好让蚕在"山"上吐丝结茧。

蚕宝宝除了吃就是睡。

给蚕种"泡澡"

明朝人会用石灰水、淡盐水给蚕种"泡澡"，漂起来的不好，沉下去的也不好，剩下的就是能孵出健康蚕宝宝的蚕种啦。石灰水和淡盐水还有消毒作用呢。

温度很重要

蚕宝宝很娇气，只有在合适的温度下才会出生，所以一般春天才有蚕。后来，古人为了多产丝，想办法进行保温、降温或升温，养出了夏蚕、秋蚕，真是了不起呀！

谷雨眠蚕

把桑叶切碎喂给蚕宝宝，让蚕宝宝吃了睡、睡了吃。

"盐茧瓮藏"是一种很先进的蓄茧技术，就是在装蚕茧的大瓮中放入盐粒。"用盐杀茧"后，蚕丝更容易抽取，且明亮柔韧。

茧衣都脱干净了。

瓮里放好盐了，该密封了。

都用泥封严实了。

下茧

好多好多的茧呀，都取下来吧。别忘了剥去茧衣（蚕茧外面的丝缕）哦。

瓮藏

把茧放进瓮中封好后，就等着缫（sāo）丝吧。美丽的丝绸就要问世啦。丝绸可以制成衣物哦。

53 缲丝

把丝抽取出来

染色

缲丝

在西汉（公元前 202 年—公元 8 年）之前，古人就能够熟练地缲丝了。唐朝时，宣州（今安徽境内）出产一种红线毯。红线毯轻如薄纱、丝质柔滑、十分美丽。宣州太守为将其进贡到宫里，进献给皇帝，命令织工翻新花样，织出精品。织工们日夜干活，极尽辛苦才最终织成。红线毯被送入皇宫后，铺在地上，美人们的脚随便践踏，一点儿也不知道这毯子蕴含着多少血汗，经过了多少工序，如采桑养蚕、择茧缲丝、拣丝练线、红蓝花染色……这个故事出自白居易的诗歌《红线毯》，其中概述了养蚕缲丝的过程，也表明缲丝在当时已经很普遍了。

什么是缫丝

把蚕茧抽出丝，就是缫丝。蚕吐丝时，将丝呈"8"字形缠绕到自己身上，形成蚕茧。为了取下它的丝，古人便用热水来煮蚕茧，使丝上的胶质溶化，丝就被抽出来啦。

蚕为什么能吐丝

蚕之所以能吐丝，是因为体内有两根绢丝腺。两条线在蚕嘴里会合，吐出来的丝看似一根，其实是两根互相缠绕而成的。

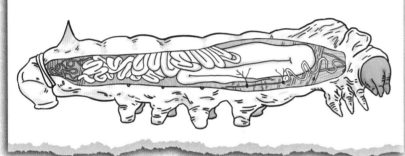

生丝和熟丝

蚕丝抽出来后，并不能直接使用哦。单根茧丝有的很短，有的容易断，所以，要把多根茧丝合在一起，成为又长又结实的丝，也叫生丝。生丝还残留着一些丝胶，把这些胶质去掉后，丝由硬变软，光泽流转，叫熟丝。

热釜法

你一看标题就知道了，这种缫丝法得用热锅。人坐在热气腾腾的锅边煮茧、抽丝，非常煎熬。

冷盆法

宋朝时，古人经过实验，发明了一个妙法：用热水煮茧，再把茧放到冷水盆里抽丝。这样一来，即使不能及时缫丝，也不会影响丝的质量。

缫丝工具大比拼

手摇缫丝车

最晚在秦汉时，手摇缫丝车已经开始推广，干活时需要两个人配合，一个人把蚕茧放进锅里，找到蚕丝的头儿，另一个人摇手柄，把抽出的丝卷起来。

脚踏式缫丝车

宋朝时，出现了脚踏式缫丝车。有了这个车，就不需要两个人一起干活了，缫丝的人可以一边放茧、找丝头儿，一边用脚踩踏板，把抽出的丝卷起来。

丝绸之路

汉代时，张骞出使西域，凿通了连通都城长安和西域的道路。通过这条路，中国的丝绸、茶叶、瓷器等传到西域和西方，西域和西方的宝马、葡萄、石榴、胡萝卜等传入中国。由于丝绸最有代表性，这条路被称为"丝绸之路"。

丝绸之路能和我绑定，我很荣幸。

张骞

络车

缫好的丝可不能乱蓬蓬的啊，得卷得整整齐齐才好。络车就是把丝卷起来的工具。

经架

缫丝车抽出的丝，还需要整理。古人会根据织造所需的长度，用经架把丝整理好，之后就可以织造啦。

你知道吗？

丝绸传入古罗马之后，受到了古罗马人的追捧，成为一种奢侈品，价格堪比黄金。古罗马人把中国称为"丝国"，他们以为丝是长在树上的，只要摘下来，就能织成光彩夺目的衣服。

素纱禅衣

素纱禅（dān）衣出土于马王堆汉墓中的辛追墓，其中一件仅重49克，薄如蝉翼、轻若烟雾，折叠后可放入一个火柴盒，代表了汉朝养蚕、缫丝、织造的高超水平。专家曾想仿制一件素纱禅衣，但经过几番努力，成品仍然比它重，大概是因为现在的条件太好，蚕吃得太饱，再也吐不出那么细的丝了。

汉延年益寿长葆子孙锦

54 提花机

计算机的"老祖宗"

先秦时，古人已经能够织造出美丽的花纹，只不过花费的时间很长，织出的花纹也都是平纹。西汉时，有一个名叫陈宝光的人，他的妻子心灵手巧，尤其擅长织绫。当时的权臣霍光（？—公元前68年）把她召进府中，让她专门负责织造。陈宝光的妻子经过一番精心研究，发明出一种机器，每60天可以织出一匹绫，花纹复杂繁丽，引起了轰动。她所发明的机器，就是提花机。

提花和绣花

你已经知道了提花机，那你知道提花是怎么回事吗？提花可不是绣花，绣花一般都是采用平纹，提花相当于把花纹"提"出来，织造出凹凸的花纹。丝绸之路开通后，丝绸就是以提花织造闻名世界的。

腰机

提花和挑花

提花起源于挑花，什么是挑花呢？想必你能猜出一二，挑花就是把花纹"挑"出来。它是一种针法，也是一种抽纱工艺，最早是用原始腰机操作的。

原始腰机：现代织布机的老祖宗

原始腰机是什么"长相"呢？它很"粗放"，没有机架，古人直接席地而坐，把卷布轴的一端系在腰上，用脚蹬着另一端的经轴，就能利用葛纤维、麻纤维等材料织布了。由于干活时全靠腰和臀使劲儿，它被称为"腰机"，由于是席地而坐，它又叫"踞织机"。

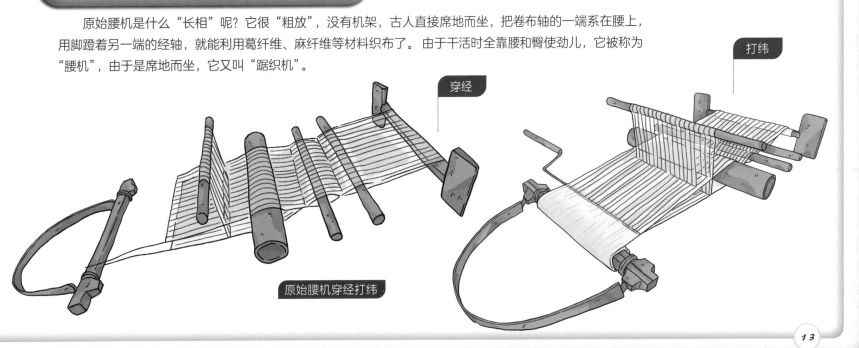

穿经

打纬

原始腰机穿经打纬

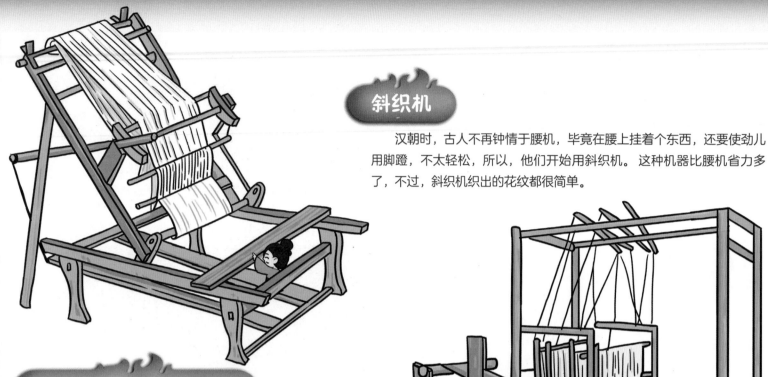

汉朝时，古人不再钟情于腰机，毕竟在腰上挂着个东西，还要使劲儿用脚蹬，不太轻松，所以，他们开始用斜织机。这种机器比腰机省力多了，不过，斜织机织出的花纹都很简单。

提花机有多少只"脚"

织机一步步"进化"，等到陈宝光的妻子发明出提花机后，花纹单调的问题就解决了。这种提花机"长"着很多"脚"，就是有很多脚踏板。一个脚踏板控制一组经线，花纹越复杂，经线分的组越多，脚踏板也越多。陈宝光的妻子织散花绫的提花机，足有 120 个脚踏板。

听说这家伙的"脚"比我的还多……

挑花结本

你有没有想过一个问题：如果提花图案越来越复杂，经线的分组越来越多的话，要让几十种颜色的经线和纬线搭配工作是很难的。那该怎么办呢？古人想出了"挑花结本"的绝招，把复杂的流程固定在花本里——花本相当于设计稿的模板，如某种纬线穿过时，哪组经线应该提起还是降下。花本中"储存"了多种花纹的织造流程，只要在提花机上按流程操作，就不会乱了。

你知道吗？

元朝时，提花技术传入西方。19 世纪，一个法国人用穿孔纹板代替了花本，而最早的计算机数据输入采用的正是打孔读卡法。有人因此分析，挑花结本对计算机的发明有所启发。

神奇的花楼

　　花本式提花机又叫花楼，因为它分楼上、楼下。楼上坐着一人，主要负责经线的穿梭；楼下坐着一人，脚踩着踏板，主要负责纬线的穿梭。二人互相埋头工作，谁也不看谁，但配合默契，一分一秒都没有错失。

纤纤静女，
经之络之。
……
动摇多容，
俯仰生姿。

［汉］王逸《机妇赋》

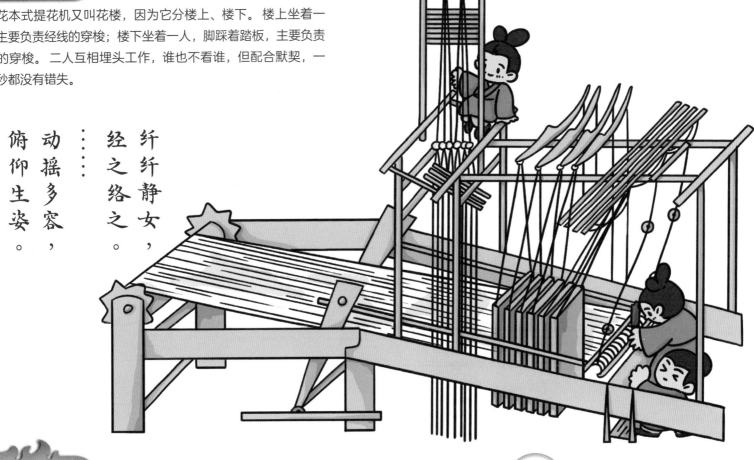

马钧的贡献

　　提花机虽好，但有个让人头疼的地方：踏板太多了。"织女"们织一匹花绫，不仅累得汗流浃背，还要花两三个月时间。三国时，发明家马钧看到织工常常操劳到深夜，每穿一根线就要踩几十下踏板，十分辛苦，便改进了提花机，简化了踏板，以前十个小时的劳动，一下子缩短到了两三个小时。

改进提花机花费了我很多心血，但愿大家用得舒心。

马钧

55 印染技艺

印花和染色的秘密

木蓝

马蓝

蓼蓝

菘蓝

蓝草是一种能染布的植物，包括蓼蓝、菘蓝、马蓝、苋蓝和木蓝。它们的根就是中药板蓝根。蓝草制成的有机染料被称为靛蓝，也叫靛青。

在10000~5000年前的新石器时代，一些原始人在狩猎和采集野果野菜时，偶然碰到一种植物，叶子放在手里揉搓后，汁液是黄绿色的，过了一段时间，又会变成美丽的蓝绿色。他们非常好奇：如果用这种颜色来染织物会怎么样？于是，他们把织物和这种叶子一起揉搓，结果惊奇地发现，织物竟然变成艳丽的蓝色了。此后，他们开始主动采集这种蓝草，把它与织物一起放到石板上揉搓，然后晾干，水洗。这就是最早的蓝靛（diàn）染色。

浸染问世啦

原始的染色方法是不是很简单？不过，这种方法有一些不足：织物上会残留蓝草残渣，颜色难以均匀；另外织物与蓝草一起揉搓容易破坏织物的纤维。春秋时代之前，人们经过不断摸索、实验，发明出浸染法，就是将蓝草去除根茎后，把叶子捣碎，放入坑里或木桶里，加冷水浸泡、发酵，再去除残渣，放入纺织物，浸染后晾干、水洗就行了。

古人把能制取靛蓝（靛青）的植物都叫"蓝"。在蓝中提取的蓝色，颜色比草本身更深。战国思想家荀子说："青，取之于蓝而青于蓝。"大意就是：从蓝草中提取的靛蓝，比蓝草本身更青。

蓝草的化学反应

秋冬时节，蓝草凋萎，没法再染色了。春秋战国时，人们发明出一项制取靛蓝的技术：把蓝草切碎、过滤；将滤液放入瓮中发酵时，加入石灰，用木棍搅动；蓝草中含有糖苷，溶于水后，会迅速氧化，生成靛蓝；等液体沉淀后，去除水，就得到了泥膏一样的靛蓝，可以长时间保存。这样一来，一年四季随时都可以染色了。慢慢地，有人发现，加入米酒或酒糟，能使发酵变得稳定。这种技术非常实用，今天还在使用。

今儿得多捣些石灰。

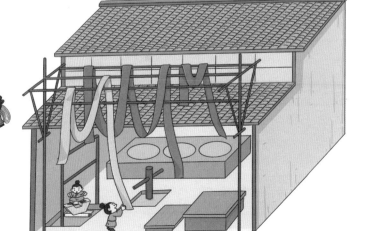

你知道吗？

夏朝时，已经有人在种植蓝草。战国时，染蓝作坊遍布各诸侯国。秦汉时，河南开封一带甚至出现了专门的产蓝区。

蜡染的"冰纹"

古人不仅用蓝草染色，还用其他植物、矿物或其他材料染出了各种色彩和纹样。蜡染至少在秦汉时就出现了，就是融化蜡烛，再用刻刀蘸蜡，在布上画花，然后用蓝靛浸染，能出现蓝底白花或白底蓝花的图案；蜡的自然龟裂，还使布上出现"冰纹"的效果，素雅朴实，极为独特。到隋唐时，蜡染已经非常流行。

镂空印花

古人还发明了印花技艺。"印染"就是指印花和染色。秦汉时出现的"夹缬（xié）"，就是一种镂空版印花。这种技艺在隋朝流行起来，是用两块雕镂一样花纹的木板夹住布，在镂空的地方涂刷染料，拿走镂版后，花纹就显示了。

世界最早的印花技术

汉朝时，世界上最早的型版印花技术出现了。这是一种凸纹印花法，就是在木板上挖刻出花纹，再在花纹凸起的地方涂刷颜料，然后把花纹压在布上，布上就印上版型纹样了，就像用图章盖印一样。

汉朝以前，古人用"画绘"的方法印花，就是先手绘图纹，再把植物颜料涂抹在织物上，很费时间，也容易褪色。

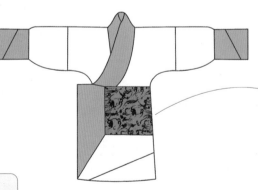

马王堆汉墓出土的印花敷彩纱，就是凸纹印花与绘画的结合。

扎染的奥妙

唐朝后，绞缬等方法流行起来。绞缬是一种扎染，先在织物上设计花纹，再撮取花纹处的布，用线扎成各种"小结"，然后浸染，拆掉线后，扎结的地方没有渗进染料或渗得少，就呈现出各种自然的纹样来。

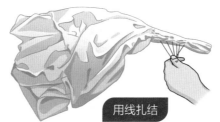

用线扎结

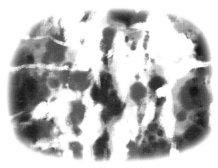

扎结处的纹样

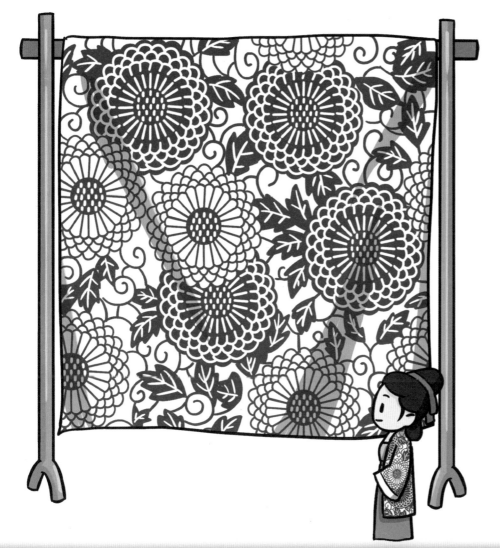

碱印是什么

碱剂印花发明于唐朝，用草木灰或石灰等强碱性物质调成染浆，涂在绸缎上，使花纹部分的丝胶及所含色素溶解，现出深浅不同的色光。宋朝人还用石灰和豆粉调制碱性浆，印染出了"药斑布"（蓝印花布），可以做被单、蚊帐等。

硫酸"上场"了

明朝人发明的拔染法，又叫"锱水画"，是印染技术的一大转折，先将一块布染成深蓝色，再用毛笔蘸稀硫酸液画画，然后漂洗，就出现了蓝底白色的纹样。不过，到了清末时，彩印花布开始引领时尚了。

缂丝

丝绸上的"立体雕刻"

金龙用黄金捻成的金线织成，龙鳞用孔雀羽织成，共用了8000多米直径0.1毫米的捻金线，以及400米极细的孔雀羽线。孔雀羽线会随着光线的变化而变化，穿在身上时，令人感觉龙是活的。

汉朝以前，缂（kè）丝就被能工巧匠们发明出来了。宋朝时，缂丝风头更盛，跻身皇家御用织物的行列，很多缂丝作品还摹名家书画，艺术性极高。到明清时，缂丝甚至成为皇权的象征。明朝时，为了制作万历皇帝出席大典的衮服，内织染局一共花费了大约13年时间，用了大约3600道工序，才织成一件"缂丝十二章福寿如意衮服"。缂丝采用"通经断纬"的织法，使花纹的边界好像雕琢镂刻一样，非常立体，被称为"织中之圣"，为中国传统丝绸艺术品中的精华。

为什么叫缂丝

缂丝也被称为"刀刻的丝绸"，知道为什么吗？举个例子，如果想织红颜色，就要用有红线的小梭子织；想织绿颜色，就要用有绿线的小梭子织；如果想织多种颜色的话，那么，十几把二十几把小梭子就要来来回回地织，而两个梭子之间的连接处，就会出现一个空缺，好像被刀刻了出现的裂缝一样，所以叫"刻丝""缂丝"。

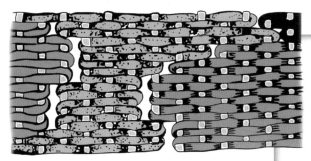

画样

不要以为有了缂丝机就万事大吉了，就算是普通的织造，至少也要经过 16 道工序。比如，织造之前要画样，就是把图样放在经线下，用毛笔在经面上勾勒出来，再进行配色、选线。

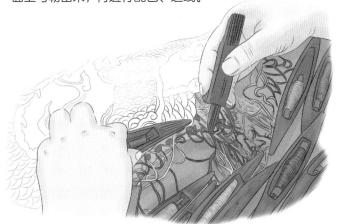

"勾勾搭搭"的丝线

无论是古代还是今天，缂丝都是稀有的奢侈品，因为它的织造技法特异，要"通经断纬"。什么意思呢？简单点说，经线是竖着的线，纬线是横着的线，织造时，固定住经线，只编织纬线，换色时，要把纬线从经线上绕回来，虽然两个颜色断开了，但中间的那个颜色的线在两边的经线上勾搭了这么一下，就出现了和其他颜色欲断未断的镂空效果。

每一个过渡色都要分多个色块来织，一个熟练的匠人一天也只能织几寸，做一件龙袍甚至要花上 10 多年时间，所以有"一寸缂丝一寸金"的说法。

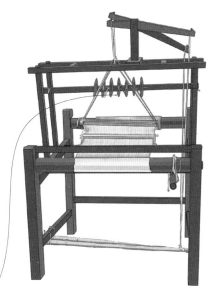

缂丝机
专门用于织造缂丝的机器。

梭子
主要用来穿纬线，两头尖尖，中间是一个可拆卸的线筒。织造一件作品有时要换上万个梭子。

镜子
织造时，要想知道图案织得对不对，可以把镜子放在经线下。

拔子
拔纬工具，能把纬线拔压紧密。

针灸

神奇的医学"魔法"

　　远古时期，原始人每天都光着脚追赶野兽，受伤是家常便饭。不知什么时候，有人发现，不小心撞到石头、荆棘后，受伤部位的疼痛竟然会减轻！于是，他们开始磨制尖利的石头，也就是砭（biān）石，不舒服的时候就往身上扎扎。火被使用之后，原始人偶然发现，身体某个部位的病痛经过烧灼、烘烤后能得到缓解甚至解除。于是，他们又焚烧树枝草叶在疼痛部位灸烤，这就是灸。就这样，针灸慢慢诞生啦。

砭石

砭石

砭石是最早"出道"的针，为后世针刀工具的"老前辈"。它不仅能刺激身体，还能切开肿物排脓，所以，也叫针石。

最早的砭石

"有石如玉，可以为针"，这是《山海经》中有关砭石的记载。

针法

砭石之后，各种针蜂拥而来，有骨针、竹针、陶瓷针、青铜针、铁针、银针、金针等。现在使用的是不锈钢针。古人把针（多为毫针）刺入人体，刺激特定部位，达到治病的目的。

青铜针

九针

大约汉朝时，古人已经发明出"九针"为身体"保驾护航"。

鑱(chán)针

用于浅刺出血。古人害了热病、皮肤病时，往往要请它露一手。

圆针

当古人筋肉麻痹、疼痛时，会用它按摩。

大针

它可以用来泄水，比如，膝盖关节里有了积液，可以用它排出来。

长针

这是针中的"大长腿"，如果要刺向更深处，派它出马才够得着。

鍉(dī)针

这款针的"头儿"是圆的，不能扎到皮肤里，但它是按压经脉的"好手"。

锋针

如果古人身上长了包或痈，可以用它刺破，能调理经脉血气。

铍(pī)针

这家伙看起来像把剑，只要它"利剑一挥"，就能割开脓包或割掉病变的地方。

圆利针

针尖又圆又利，针身很小，能刺痈肿、治疗麻痹等。

毫针

它可是出勤率最高的针啦。短的可浅刺，长的可深刺，很厉害哦。

灸 法

你已经了解了一些针法，再来看看灸法吧。灸法就是用灸草烧灼、熏熨某个穴位，利用热的刺激来治病。

你知道吗？

《黄帝内经》是中国最早的医学典籍，被称为"医之始祖"。书中第一次记载了针灸疗法。

"大明星"艾草

古人是用什么东西来烧灸呢？起先，在远古丛林中，原始人用兽皮或树皮包裹烧热的石块、砂土等进行热熨；后来，有人燃烧树叶、竹子、树枝等烧灸穴位；再后来，艾草因为容易燃烧、气味芳香、漫山遍野可见而渐渐"走红"，成为烧灸的"大明星"。

"砭而刺之"发展为针法，"热而熨之"发展为灸法，这就是针灸的前身。

嗯嗯，草香也好闻。

艾灸的传说

相传，北宋之前，古代行军打仗时，为了寻找水源，士兵们会采集很多艾草点燃，之后附近有水源的地方就会冒出烟气，依靠这个办法就能找到水源。古人认为，经络对应水，如果在穴位处灸艾，就能找到人体内的水，疏通经络。

热乎乎的，真舒服。

想要针灸，必须先了解经络。你知道什么叫经络吗？在你的身体里，有一些贯穿全身的"线路"，叫经脉。"线路"的大干线上还有一些分支，分支上有更小的分支，叫络脉。这就是经络啦。你觉得它像不像一棵大树呢？正是有了经络，你的五脏六腑、五官九窍、皮肉筋骨才能连接在一起。如果经络不通，你就会生病。这时，就可以请针灸来帮忙啦。针灸能疏通你的经络，让你的身体棒棒的。

穴位是什么

针灸可不是在身上乱扎哦，要扎在一些特殊的位置才行，这些位置就是穴位。有些穴位在经络上"安家"，有的则"落户"在骨骼间隙或凹陷里。当体液经过这些地方时，容易发生滞留，而针灸则可以帮助穴位保持通畅。

当你的大拇指和食指合拢时，鼓起的肌肉处，就是合谷穴。看看它的位置，你就明白穴位一般在哪里"安家"啦。

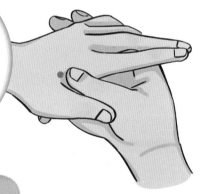

针灸的原理

如果你把一颗小石子扔到水里，会发现水面上荡起一圈圈的涟漪。针灸也是如此，它的刺激会像波纹一样在身体里传递下去，患病的地方就不那么痛了。针灸能激活肌肉活性，让你的肌肉不要偷懒，进入工作状态。

针灸铜人

北宋时，太医局翰林医官王惟一于公元前1027年主持设计铸造了针灸铜人，大小与真人差不多。铜人有354个穴孔，里面装着水，平时用黄蜡封着。老师考核学生时，学生如果扎中穴位，水就会流出来。这是中国最早的医学教学模具。

我造的铜人不错吧？

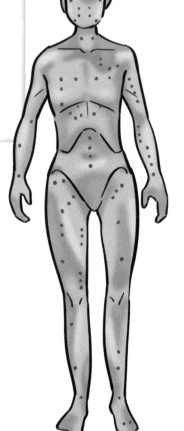

58 本草

丰富而有趣的学问

　　相传，远古时期，神农氏的本领很大，被推选为部落首领。当时，生存条件恶劣，部落成员生病后不知怎么治疗，有的就病死了。神农氏为了救治众人，每日在山间寻找草药。他品尝了很多野生植物，多次中毒，最终选出了一些可以治病的草药。这就是神农尝百草的传说，也被视为中医的起源。

黄连

乌头

巴豆

白芷

《神农本草经》

神农氏虽然"活"在神话传说中，但他在古代社会备受推崇。汉朝人整理出一本中医药学著作，就"借"了神农的名字，叫《神农本草经》，也叫《本草经》。书中记载了365种药物，分上、中、下三品。上品包含无毒的滋补品，如人参、红枣等；中品多为能治病的药物，如黄连、白芷等；下品多为有毒的药物，如乌头、巴豆等。

本草学

有趣的是，秦汉时，一些人为了寻找长生不老药，积极地采摘、炮制草药，促进了本草学的诞生。

陶弘景的贡献

南北朝时，本草学的风头更盛，隐士陶弘景编撰了《神农本草经集注》，收录了大约700种药物。

李时珍：药物学界的王子

明朝出了一个李时珍，使本草学熠熠生辉。他撰写了192万字的《本草纲目》，记载了1892种药物，配图1109幅，纠正了很多以前的错误，还有很多重要发现和突破。他把药物分成16部，部下分60类，每一药名下分8个项目，十分科学。仅明朝时，《本草纲目》就被翻译成多种文字在国外出版。达尔文撰写《物种起源》时多次引用此书，称之为"古代中国百科全书"。英国科技史学家李约瑟称李时珍为"药物学界的王子"。

59 四诊法

科学的诊病方法

你知道吗?

"扁鹊发明四诊法"的说法是缺少依据的。四诊法出现的最早证据源自马王堆出土的帛书,帛书抄写的时间不晚于秦汉时期,说明战国时可能已经有了四诊法,但不确定是谁发明的。

春秋战国时,有一位名医叫扁鹊。有一天,扁鹊去见蔡桓公,通过观察,判断蔡桓公得了病,病在皮肤腠理间。但蔡桓公不信,说:"我没有病。"过了十天,扁鹊再见蔡桓公,说病已入肌肉,蔡桓公仍旧不予理睬。又过了十天,扁鹊又见蔡桓公,说病已入肠胃,蔡桓公又不理会。又过了十天,扁鹊远远地看见蔡桓公,掉头就走了。蔡桓公派人问他,他说病已入骨髓,没法治了。五天后,蔡桓公就病死了。扁鹊之所以判断蔡桓公患病,是通过四诊法中的望诊。传说四诊法是扁鹊发明的。

四诊法

如果你生病了去看中医，医生会对你左瞧右瞧，好像相面一样，还会让你张开嘴巴，伸出舌头，听听你的心跳，摸摸你的脉搏，对你问东问西。这就是"望闻问切"，合称"四诊法"。

看一看——望

望就是观察病人的脸色、舌象等，以此来推断病因。

第一次看到这种舌象！

我刚吃完桑葚。

听一听、闻一闻——闻

闻就是听病人说话、呼吸、咳嗽时的声音，以及闻病人散发出来的气味。

黄鼠狼先生，我在闻诊，请你暂时回避。

……

问一问——问

问就是询问病人和病人家属，了解病因、病史等。

脉的搏动

在切诊中，诊脉的发展最为丰富。古代医生通过手指转换多种手法去触、压脉搏，能够细致深切地感知脉的浮沉、虚实、静动、盈虚、滑涩、宏细等。古代医生共总结出 20 多种常用脉象。

按一按——切

切就是切脉，用手指感觉病人脉搏跳动的快慢、深浅，是不是整齐等，了解人体内在的状况。

还有一个按诊

切诊不仅包括脉诊，还包括按诊，医生通过触摸、按压病人的一些身体部位，可以了解病人胸腹的软硬、有无肿块、手足的温凉等。

药方里的世界

马王堆汉墓出土的《五十二病方》是迄今发现的最早的一部医学方书，记载了283个药方，还分出了内服和外用。

班昭

班固

东汉人班固（公元32年—92年）的父亲是史学家班彪，弟弟是军事家班超，妹妹是史学家班昭，他自己也满腹经纶，才华横溢。班固认为，司马迁写的《史记》非常好，但也有不足之处，于是，他想写一部不同于《史记》的史书。之后，班固废寝忘食，花费了20多年的时间，写出了史学巨著《汉书》。他的妹妹班昭补写了部分内容。此后的正史大都沿袭了《汉书》的体例。这部书中记载了很多人物事迹，以及天文、地理等现象，甚至还记载了和方剂学有关的内容。这是历史上最早对方剂的记载。

什么是方剂

古人生病后，医生会开一个方子，让病人按照方子去抓药，并按照方子上写的方法煎药。这个药方就是方剂。研究方剂的学问就是方剂学。

君药

看到"君"字，你能想到什么？当然是皇帝了。很多药方里都有君药，君药"地位"最高，是主药，用量大。比如，在很多药方里，何首乌是君药。

看谁敢抢朕的风头？

何首乌

佐药

佐药分正佐和反佐。正佐可以辅佐治疗，反佐用来降低君药的副作用。桔梗和黄连经常充当佐药。

正佐 桔梗

反佐 黄连

臣药

臣药是为君药服务的，能加强君药的作用。苍术就常做臣药。

皇上，加油！

嗯哼。

苍术 何首乌

使药

"使"就是使者的意思。使药分两种：一种为引经药，就是药引子，它就像使者一样，引领各种药去"攻打"身体里的病灶；一种为调和药，是"和事佬"，缓和各种药的关系。甘草就经常充当"和事佬"。

甘草

你知道吗？

中药里有很多名字奇特的药物，堪称中药界的"笑星"。

望月砂：传说野兔排便时会仰头望月，它的粪便在中药里叫"望月砂"。

十大功劳：什么药有这么大的本事？原来是刺黄连。

丢了棒：可不是孙悟空丢了金箍棒，而是白桐树的根或叶。

龙涎香：听起来像是龙流出的口水，其实是抹香鲸的分泌物。

凤凰衣：这么高贵的名字属于鸡蛋壳里的那层薄膜。

61 法医学

脑洞大开的刑侦手段

战国（公元前 475 年—公元前 256 年）末年，秦国人喜 17 岁开始服徭役。他的一生，经历了秦始皇统一六国、建立秦朝的过程。其间，他三次参军，多次浴血奋战。他还担任了一些与刑法有关的低级官职，最后死在任上。喜埋葬在湖北云梦睡虎地，墓中随葬了 1000 多枚竹简，多是他生前工作时抄录的法律文书。其中有一部《封诊式》，记录了 25 个案件，详细记载了勘察、审讯、定罪等步骤，堪称最早的法医鉴定格式。

痕迹检测技术

秦朝官员喜的墓中陪葬的《封诊式》记录了一个案件，写的是一个士兵的棉衣挂在偏房，被人偷走，官府得报，派人前来仔细勘验了盗贼留下的脚印、手印、膝盖印等，说明当时已经有了痕迹检测技术。其中，手印包含指纹。

这是世界上最早的"指纹鉴定"。

文书检验技术

唐朝时，法医检测手段继续发展。江琛任湖州佐史时，把刺史裴光的信剪开，拼凑成一封新的信，诬陷裴光谋反。武则天派推事张楚金调查。张楚金偶然发现，阳光照到纸上，有修剪过的痕迹，于是把信放入水里，信纸便散开了。江琛只好认罪。这就是文书检测技术中的透光检测、肉眼审查和水溶实验。

动物实验技术

到了五代，出现了一部法学专著《疑狱集》。书中记载，三国时，吴国一个女子杀死了丈夫，烧毁了房子，谎称丈夫是被火烧死的。句章县令张举用一头死猪和一头活猪进行火烧实验，结果显示，死猪嘴巴里没有灰，活猪嘴巴里有很多灰。而这位女子的丈夫嘴巴里没有灰。女子只好承认了自己谋杀丈夫的事实。

该实验来自古籍记载，因活体实验十分残忍，现禁止施行，请勿效仿。

我的神呀！

第一部法医学专著

宋朝时，法医学迎来了黄金时光。宋慈撰写的《洗冤集录》为世界上第一部法医学专著，记述了人体解剖、尸体检验、现场勘查、死亡鉴定、自杀和谋杀的多种现象、多种毒物和急救等。其中，区别真上吊和假上吊、真烧死和假烧死等方法，至今仍在使用。后来，《洗冤集录》成为官员办案的必备书，甚至成为考试的内容。

红油伞查骨

古代没有紫外线灯，要想察看尸骨上细微的痕迹非常困难，宋慈便用一把红油伞遮住尸骨，这样就能看清楚了。这是利用了光学原理，红油伞过滤掉了一部分干扰观察的光波，使细微的伤痕能被肉眼发现。

宋慈

宋慈是唐朝名相宋璟的后人，父亲是个狱官，他从小就耳濡目染父亲如何破案。长大后，他出任过广东、湖南等地提点刑狱官。当时，官吏不愿意验尸，认为接触尸体晦气，都让"贱民"负责，称为"仵作"。宋慈却觉得验尸非常重要，便下令：官员必须亲自验尸，不能只推给仵作。他一生破获大量案件。

嗯，此处有伤痕。

榉树叶的秘密

有一次，一个浑身瘀青的人告诉宋慈，自己被两个商人打伤了。宋慈察看伤痕后，说："你是在诬告。如果你真被拳脚打伤，皮下瘀血会有肿块，但你身上虽然看着有瘀青的痕迹，皮肤却十分嫩滑，没有肿块。"原来，此人是用榉树叶汁伪造了瘀青。这在法医学里被称为"造作伤"。

苍蝇破案

　　一个农夫被人用镰刀砍死，宋慈让村民把家里的镰刀都交出来。一群苍蝇聚集在其中的一把镰刀上。宋慈于是审问镰刀的主人，果然是他杀害了农夫。因为镰刀即使被洗干净了，但血腥味还在。这是世界上最早利用昆虫帮人破案的例子。

感谢昆虫帮我破案。

我没觉得自己做了什么呀……

《洗冤集录》

　　《洗冤集录》共有53项内容，包括检验总说、验伤、验尸、辨伤、检骨等，被译成英、法、德等国文字。

法医"三大件"

　　元朝的儒吏考试程式中，关于法医学的有尸、伤、病、物。尸是尸体检查，伤、病是活体检查，物是物证检查。这是世界上第一次提出现代法医学"三大件"：尸体、活体和物证。

《平冤录》

　　《平冤录》成书于元朝初年，是以《洗冤集录》为蓝本撰写的。关于如何判断人是掉到水中淹死，还是被棍棒打死，或是上吊而死等，都有论述，弥补了《洗冤集录》的一些不足。

平冤録

无冤録

《无冤录》

　　元朝人王与所著《无冤录》，为当时刑事侦查中死伤检验的必备用书。此书传到朝鲜，被定为司法官吏的必修书，一直用了300多年；传入日本后，成为日文法医学最早的书籍。

62 人痘接种术

让人类远离天花

晋代医药学家葛洪（公元281年—341年）写过一本《肘后备急方》，书中记载了东汉时有人得的一种病：身上生疮，冒白浆，很多人因此而死。书中还记录了两个治疗此病的药方：一个是用上好的蜂蜜抹在身上，或者用蜂蜜和升麻一起煮了喝；另一个是用升麻煮水，抹在身上。葛洪还提道：最好用酒浸升麻擦洗，但是会疼痛难忍。这就是世界上第一次对天花的症状及药方的记载。

陈黯的花朵

什么是天花呢？天花是一种烈性传染病。但在古代，人们并不了解这种疾病。唐朝时，神童陈黯感染天花，脸上留下瘢痕。县令讽刺他："小诗童，黑痘瘢，怪好看。"13岁的陈黯回敬了一首诗，后两句是："天嫌未端正，满面与妆花。"大意是，上天担心他长得不够好看，就用花朵装饰他的脸。有人认为，"天花"这个名字由此而来。

恐怖的瘴气

汉朝时，伏波将军马援出征南疆，平定叛乱。班师时，有一半官兵和俘虏因为丛林瘴气病死。有人推测，所谓瘴气其实是外邦俘虏传染过来的天花。

什么是人痘接种术

用人为的方法，让健康的孩子受到一次轻微的天花感染，以此来预防天花，就是人痘接种术。

鼻痘法的露面

史书上记载，唐朝时，江南的一位赵姓人用了鼻苗种痘法治疗天花，但没有引起注意。

听说有人会种痘。

谁不会种豆啊？

我一辈子都不会感染天花了，太神奇了。

接种人痘啦

宋真宗时，宰相王旦有好几个孩子，但都染上天花夭折了。王旦年老时得了一个儿子，为了保住这个孩子，他请人为儿子接种人痘。种痘后第七天，男孩开始发烧、出天花，12天后，痘结痂，男孩恢复了健康。

痘衣法

古人发现得过一次天花的人就不会再感染天花后，他们便把感染过天花的人的内衣脱下来，给没有得过天花的人穿上，让后者感染天花，从而获得免疫力。然而，这种方法和自然感染天花的区别不大，死亡率也很高。

痘浆法

痘浆法就是把感染者的疮挤出脓，用棉花蘸一点儿，塞到小孩的鼻孔里，让小孩感染轻微的天花，等康复后，就不会再感染了。但这种办法也难免有生命危险。

人痘接种术的发明不晚于明朝，起初在民间秘传，清朝康熙年间获得官方推广。历史上记载的接种术大致有 4 种。

旱苗法

还有一个种痘法：把痊愈者身上脱落的痘痂，研磨成粉末，用一根管子吹一点儿到小孩的鼻孔里，给小孩接种。不过，由于粉末的多少难以控制，所以也会造成危险。

水苗法

水苗法相对安全一些。操作时，用水或人乳调匀痘痂粉末，再用薄棉布包起来，捏成枣核样，用细线拴着，放进小孩鼻孔，大约 12 个小时后，再拉出细线。这种方法使用最多。

熟苗接种法

把痂或脓汁作为痘苗，就是把天花病毒直接当疫苗，这叫"时苗"，接种后几乎九死一生。到了明清时期，有人注意到，把时苗连种 7 次，精选六七代之后，痘苗的毒力就会降低。这就是熟苗。用熟苗给人接种，几乎不会再致死。

种痘的医生们

在清朝，医生若给 100 个人接种，有 5 个以上的人不成功，就可能丢掉饭碗。

怎么保存疫苗

古人认为，冬天取苗比夏天取苗好，因为夏天炎热，若过了 20 多天，能发出痘来的就很少了。种痘时，最好用新鲜的种苗，10 个可发 9 个；过期的种苗不要用；储存时，要用纸包好种苗，放在竹筒里封闭保存，这符合现代免疫学疫苗储存原理。

你知道吗？

中国发明了人痘接种技术后，引起了西方国家的注意。1688 年，俄罗斯专门派人来中国学习种痘技术，后来又把这种技术传到土耳其和北欧；英国驻土耳其的公使又将其带回英国；接着，欧洲各国推广人痘接种技术；1744 年，中国人把人痘接种技术带到日本……一直到牛痘被发明出来，全世界都在使用中国的人痘接种技术。它是人工免疫法的先驱。

什么是牛痘

18 世纪的时候，英国流行天花。一个叫琴纳的乡村医生发现，挤牛奶的人不得天花。他悉心研究了一番，得出结论：牛感染天花后，传染给人类，人类只会稍微不舒服，并产生抗体，从而不再感染天花。琴纳想起中国的人痘接种技术，便用牛痘代替了人痘，中国的人痘技术逐渐退出世界舞台。

⑥ 相风乌

"捉"风的乌

　　相传皇娥是一位美丽的仙子，每晚都在璇宫织布。有时候，她会乘坐木筏漫游。一日，她游到烟波苍茫的穷桑之浦，遇见了一位容貌绝俗的男子。他就是白帝之子，是太白之精化身下凡，降落在水边。他们一见倾心，于是同舟出游，将桂枝作为桅杆，将香草作为旌旗，还刻了一只玉鸠，把玉鸠放在桅顶，用来辨别风向。帝子抚琴，皇娥歌吟……后来，皇娥生下了西方天帝少昊……而"玉鸠测风"也成了最早的测风方法之一。

示风器

风到底是从哪里来的呢？风有多大的"威力"呢？商朝人曾在一根高杆上系上布帛或长羽，还有一个铃铛，当风吹过时，铃铛响起，就会有人跑来观察风的方向。这种示风器叫"伣（qiàn）"。

"五两"是什么

西汉时，出现了"统（huán）"，也叫"五两"。这种测风仪是把鸡毛或饰带挂在高杆上，重量为五两或八两，便于对不同地方的风力和风向进行比较，是测风技术的一大进步。

古人总是把测风仪做成乌鸦的形状，是因为乌鸦聪明，对风的感受较为敏锐，风大时会加固巢穴。

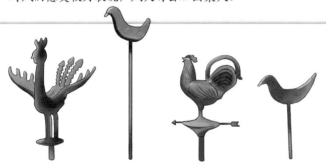

不同造型的相风乌

张衡和相风乌

西汉末年，有人制作出了另一种测风仪，叫"相风乌"。"相风"就是风向标的意思。东汉时，科学家张衡用青铜制作了一只"相风铜乌"，就是在一根高约 16 米的直杆上，立着一只乌鸦一样的铜乌。它昂首在当时的国家天文台——灵台上，可以测量风向、风速，是世界上最早的测风仪器之一。

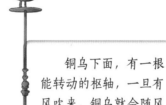

铜乌下面，有一根能转动的枢轴，一旦有风吹来，铜乌就会随风转动。乌头指向的地方，就是风的方向。

西方的测风仪——候风鸡（风信鸡），在 12 世纪（中国南宋时期）才出现。

在宋朝《清明上河图》中，虹桥的两端就有相风乌。

铜乌变木乌

用铜制作的相风乌有些笨重，对风的感应有时候不大灵敏，也很难搬动。怎么办呢？魏晋时，有人用木头做出了较轻巧的相风木乌。

你知道吗？

到了唐朝，更简单、更方便移动的羽占问世了。它时常被用到军队中，而相风木乌更适合放在固定的屋子上。此时，古人已经根据风力对树木的影响，把风分为 8 级。

现存唯一的古塔风向标实物，是山西省圆觉寺塔塔顶上的鸾凤形相风乌，为明朝所造。

⑥⑷ 小孔成像

看看光怎么"走路"

影子右侧应有屋墙，为便于读者观影，未予呈现。

春秋战国时，有一天，宋国哲学家墨子（约公元前 468 年—公元前 376 年）做了一个实验：中午的时候，他在屋墙上凿了一个小洞，然后让一个学生站在墙外，面对着小孔。这时，奇怪的事情发生了，在开孔墙对面的墙上，出现了这个学生的影子，是倒立的！这就是世界上第一个小孔成像实验。墨子记下了这次实验，并分析了小孔成像的原因和规律，这一发现比牛顿要早 2000 多年。

什么是小·孔成像

如果你用一个有小孔的板子，挡在一个物体和白墙之间，白墙上就会出现这个物体倒着的实像，这就是小孔成像。如果你移动中间的板子，图像就会随之变大或变小。至于为什么会变大变小，墨子已经解释过了——是因为光的直线传播造成的。

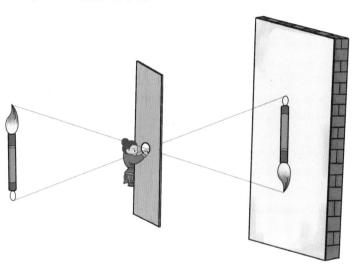

太阳的"影子"

再给你举个例子，当天气晴朗时，你走在树下，会看到太阳透过树叶照过来，每一个光斑都是圆的。这就是小孔成像的原理，那些光斑就是太阳的"影子"。

> 我想找一个方的……

小·孔和大孔

你可以自己做个实验：在硬纸片上扎几个孔，有大有小，有方有圆；之后将硬纸片放在物体与白纸之间，在白纸上就会出现几个倒像，大小都一样，但孔越大，越不清楚。如果孔比物体还大，就无法成像了。是不是很意外？

如果孔非常非常小

如果孔太小，通过的光线就会减少，像的亮度也会有所降低。

> 这不是小孔，是大洞……

> 为什么我的枣不能小孔成像呢？

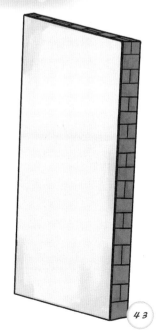

射线的形状

在日常生活中，古人注意到，从密林树叶间射到地面的光线，是射线状的；从窗外射入屋里的阳光，也是这样。古人慢慢意识到，光是沿直线"走路"的。不仅墨子注意到了这一点，还有很多人也注意到了这一点。

鸟的影子

墨子用光学原理解释鸟的影子，说鸟影是直线行进的光线照在鸟身上、被鸟遮住而形成的。鸟飞翔时，影子也好像在飞动。

奇特的画匠

战国时期的哲学家韩非子记载了一个故事：有个人请画匠作画，三年后，木板上还是一片空白。此人暴跳如雷。画匠说："请你修一座大房屋，在屋子对面的墙上开一扇窗，把木板放在窗后，你就能看到画了。"此人照办了，果然看到了"画"，只不过，"画"上的人和车都在运动，还是倒着的。这个画匠把窗作为小孔，在木板上成像了。

窥管

汉朝时，科学家张衡发明了浑天仪，里面有一个窥管，可以用来观测天象。窥管也是应用了小孔成像的原理。

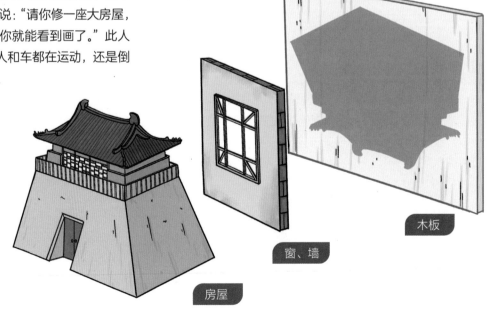

木板

窗、墙

房屋

鸢的飞翔

宋朝科学家沈括也做过小孔成像的实验。他做了一个纸鸢，纸鸢往东飞，影子也跟着往东飞；他把窗纸戳破一个小孔，窗外的纸鸢往东飞时，透过小孔，落在屋内屏风上的纸鸢影子，是往西飞。

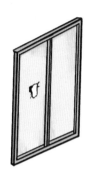

赵友钦

赵友钦出身宋朝皇族，元灭宋后，他为逃避元朝的迫害，四处流浪，却始终没有放弃对天文、地理、数学的研究。他做的小孔成像光学实验十分严谨，在当时的世界上绝无仅有。

你知道吗？

照相机和摄像机都应用了小孔成像的原理，镜头相当于小孔。

上千根蜡烛能做什么

元朝时，数学家赵友钦也做了一个实验。他在楼下两间房子的地板中间，挖了两口圆井：一口浅井，深一米多；一口深井，深两米多。深井里放了一张桌子，桌面和浅井的井底齐平。在浅井井底和深井桌面上，分别放上圆板，各插 1000 多根蜡烛。井口盖上板，一个开小方孔，一个开大方孔。蜡烛点燃后，可以看到楼板上出现圆像，孔小的暗，孔大的亮。他由此证明了光的直线传播以及小孔成像的原理。

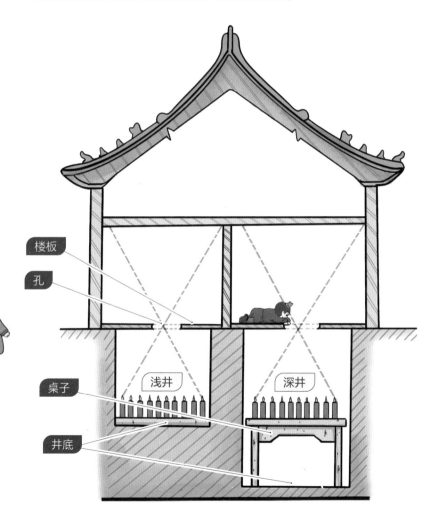

楼板

孔

桌子

浅井

深井

井底

65 马王堆帛地图

世界上最早的地图

根据马王堆汉墓出土帛画绘制的地下世界

你知道吗？

1973 年，考古学家在长沙马王堆汉墓发现了 3 张汉文帝时期的地图，都画在帛上。这 3 张地图被称为"惊人的发现"。

汉朝人利苍早年追随汉高祖刘邦（公元前 256 或 247 年—公元前 195 年）东征西讨，汉朝建立后，他又平定叛乱，被封为轪（dài）侯，任长沙国丞相。利苍死后，葬在马王堆家族墓地。他的儿子利豨（xī）成为第二代轪侯。然而，利豨还不到 30 岁就病逝了，也葬入了马王堆。由于利豨出身富贵，又年轻而亡，他的陪葬品极为奢华，其中有 3 张珍贵的地图，是至今世界上已发现的最早的地图。

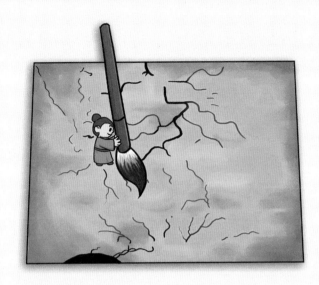

《地形图》

利豨墓出土的地图中，有一幅《地形图》，长、宽各96厘米，你用格尺比量一下就知道它有多大了。图上画的是长沙国南部的地形，标注了当时的居民区、道路、河流、山脉等分布情况，大致具备了现代地图的内容。

《驻军图》

《驻军图》是一幅军事地图，长98厘米，宽78厘米，用黑、红、青3种颜色绘制。图中突出表示了9支驻军的布防、指挥城堡等，真实地记录了长沙国当时的军事情况。值得注意的是，它也是世界上现存最早的彩色地图。

友情提示

3幅地图的方位都是上南下北、左东右西，与现在通用的地图是相反的哦。

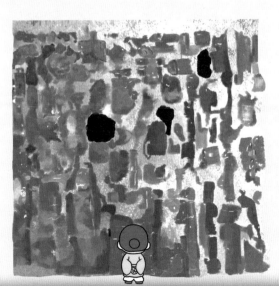

《城邑图》

这是利苍家族墓葬群的地图，也就是马王堆汉墓群的地图。图上画着城墙，城门上的亭阁用蓝色画出，街坊和庭院用红色画出，街道是正方形的。图上没有文字。此图损坏严重，至今还无法修复。

制图六体

中国地图的标尺

晋朝人裴秀（公元224年—271年）出身名门望族，8岁会写文章，10岁被称为"后进领袖"。客人来家中拜访，与他父辈交谈后，总要和他聊一聊。裴秀的母亲出身低微，要给客人端茶倒水，但当客人得知她是裴秀之母后，都赶紧站起来向她致礼。裴秀长大之后非常有出息，被封为钜鹿郡公。他还考察地域山川，编撰了《禹贡地域图》等。只不过，地图集后来失传了，只有序言残留下来，保存了他的著名理论——制图六体。

《禹贡地域图》

裴秀担任司空时，注意到行军打仗需要的地图大多简单粗陋，没有比例尺，也没有准确的方位，更不标记名山大川。于是，他组织人力绘制了《禹贡地域图》18篇。

制图六体到底是什么

你可能很疑惑，什么是制图六体呢？简单地说，制图六体就是6条绘制地图的规则，即分率、准望、道里、高下、方邪、迂直。这是当时世界上最科学、最先进的规则。裴秀因此被后世誉为"中国科学制图学之父"。

分　率

分率看起来很难懂，但是如果说它现在叫比例尺，你是不是一下子就懂了呢？确定分率是画地图时必须严格遵守的法则，否则就不准啦。

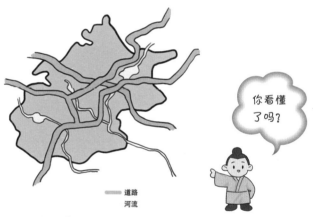

你看懂了吗？

—— 道路
河流

计里画方

地图太大了，携带不方便，怎么把它缩小呢？裴秀想出了比例尺绘图法：先在纸上画满方格，方格的边长代表实际的里数，然后按照方格绘制地图，名为计里画方。

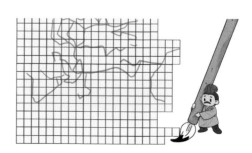

准　望

在看地图时，你会不会嘀咕"上北下南、左西右东"呢？这就是准望，也就是方位。但你要注意，晋朝地图的方位和现代地图的方位是相反的，上面是南，下面是北。这是因为古人认为南是尊贵的，皇帝要坐北朝南，所以，地图也把南放在了上方。有趣吧？

现代人要倒着看吗？

看地图也是体力活儿。

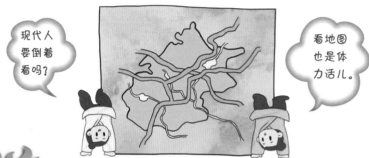

道　里

道里是指实际道路的距离。如果没有道里，你就无法知道地图上居民区之间的远近。

高　下

地球的表面不是平的，高下就是指地势高低。

方　邪

方邪这个名字看起来很怪，其实它是指地面坡度。

迂　直

迂直是指有弯路有直路。如果画到地图上，怎么画呢？裴秀认为，要根据实际地势来画。

你知道吗？

宋朝科学家沈括曾用面糊、木屑等材料模拟地形地貌，把它们堆在案上，想要制作立体地图。正值冬天，面糊容易被冻住，沈括便把面糊换成蜡，最终制作出立体地图，比西方早了600多年。

67 敦煌星图

世界上现存最古老的星图

宋末元初（公元1279年前后）时，一些僧徒担心战争会损伤莫高窟的文献、绢画等，便将其藏入一个洞窟里，又把洞窟堵上。年久日深，洞窟被遗忘了。近800年后的清朝，一个叫王圆箓的道士在清理莫高窟流沙时，意外发现了秘室，这就是藏经洞，现在的第17窟。然而，清政府对王道士保护文物的请求无动于衷。英国人斯坦因（原籍匈牙利）使用诡计从王道士手中骗走了几十箱文物，藏入位于英国伦敦的大英博物馆，其中包括世界上最早的星图——全天星图，也就是敦煌星图。

什么是星图呢

你知道，地球每一秒钟都在不停地旋转，因此，你在不同的地方看星星，或者在不同的季节看星星，它们在宇宙中所处的位置都不一样。天文学家通过观测而记录下的星辰位置图，就是星图。

现代星图的鼻祖

敦煌星图的画法很"前卫"，它把北极附近的星星画在圆图上，把距离北极较远的星星画在横图上，与过去的画法完全不同，是现代星图的鼻祖。它采用的画法是圆柱和方位投影法。

1359 颗星

敦煌星图上画了 1359 颗星。所有恒星的位置都来自肉眼观测，但并不随意、马虎，而是极为精细，星位的误差在 1.5°~4°。在望远镜发明以前，欧洲人画的星图从来没有超过 1022 颗星。中国古人竟能用肉眼观测到如此多的星辰，是非常了不起的。

敦煌星图"长"什么样

敦煌星图的"模样"很古朴，是画在纸上的，长 394 厘米，宽 24.4 厘米。所以，星图是一卷横图，从 12 月开始，每个月一幅画，共 12 幅。有趣的是，星图后还画了一位电神。另外，星图还包括一幅圆图——北极区星图，还有 25 幅云气图。

电神的帽子

敦煌星图上的电神戴着一顶硬脚幞头，硬脚幞头流行于盛唐中后期，所以学者们推测，此图可能画于唐中宗时期。

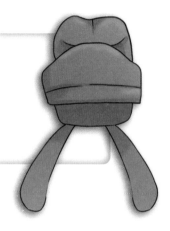

谁家的星星

如果你仔细看了敦煌星图，就会注意到，1000多颗星星是按照圆圈、黑点、圆圈涂黄的方式画的。其中，黑色的星星是石申观测并记录的，橙黄色和黑圆圈的星星是甘德、巫咸观测并记录的。请你看看下面这幅图，上面有几颗星星是石申"家"的，有几颗星星是甘德、巫咸"家"的?

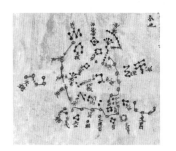

巫咸

巫咸是商朝人，喜欢数学和天文观测。当时，船在航行时没有定位的方法，巫咸指出，可以利用北极星来定位。如果看不到北极星，就用华盖星。

有我名字的环形山在月球背面，离北极不远。

石申

月球上有个环形山，就是以战国人石申的名字命名的。享受这个待遇的中国天文学家只有5位。石申一生观测记录了121颗恒星，并第一次建立坐标概念。他还是世界上第一个记录太阳黑子、日食、月食的人。

甘德

甘德也是战国人，他和石申建立了不同的恒星区划命名系统。他还用肉眼观测到了木星最亮的卫星——木卫三。而西方是由伽利略用望远镜观测到的，比他晚了近2000年。

陈卓

甘德和石申的天文记录被合称为《甘石星经》，是世界上最早的天文学专著，也是世界上最早的恒星表。三国时，吴国人陈卓将巫咸、石申、甘德三家所观测的恒星，用不同方式画在同一张图上，共有1464颗星。此图虽然失传了，但在敦煌星图上仍能看到它的影子。

我发现你了!

你好哦。

太阳在移动

敦煌星图并不都是图，也有文字。在每一月的星图下，都有文字说明太阳在二十八宿的哪个位置。每一月的星图中，太阳的位置都不一样哦。

太阳走，我也走。

斗转星移

北斗星像一个斗的样子，它围绕着北极星不停地运行。古人把这个现象叫"斗转星移"。古人还根据它的运行来判断节气。

古人是在哪里观测的

根据敦煌星图上星星的位置推测，唐朝的天文学家是在今天的西安、洛阳一带观测星辰的。家在西安、洛阳的小读者，当你想到你有可能走过唐朝天文学家的观测点时，会不会有一点儿小小的激动呢？

你知道吗？

有人认为，敦煌星图只是当时一个正式星图的摹本，因为它连基本的坐标线都没有画，恒星的位置也不够精确。

今晚天气晴朗，正是观测天象的好时候。

68 潮汐表

涨潮和退潮的秘密

唐朝人窦叔蒙从小生活在浙江，伴着海风、海浪长大。自动涨潮落潮的大海让他感觉神秘莫测，总想探索其中的奥秘。他开始细致地观察潮汐和洋流的变化，并翻阅大量关于海洋的古籍记载，于公元 762 年—779 年写成了一本《海涛志》（又叫《海峤志》）。这是现存最早的潮汐学专著。他总结了有关海洋潮汐的知识，发明了高潮低潮时的推算图，为海洋潮汐学做出了贡献。

你知道吗？

潮汐通常是指海水定期涨落的自然现象。古人把发生在白天的海水涨落称为"潮"，把发生在夜晚的海水涨落称为"汐"。潮汐是由于月球和太阳的引力而引发的。

庞大的计算

在对海洋和天象的观察中，窦叔蒙发现，潮汐的形成和月亮有关，潮汐会随着月亮运行的轨道而变化。他还做了一个庞大的计算，把公元 763 年冬至与上推至 79379 年的冬至之间的潮汐循环次数，计算了出来，即一个潮汐循环周期为 12 小时 25 分 14.02 秒，这个数值与现代计算只差 28.04 秒。

最早的潮汐预报

为了推算高潮和低潮的时间，窦叔蒙还制作了一个科学的图表，横轴是月相变化，纵轴是时间。这个"涛时表"是中国最早的高低潮时预报方法，比欧洲的"伦敦桥涨潮时间表"早了 450 年。

大月和小月

宋朝时，学者张君房对窦叔蒙的涛时表进行了更精细的划分。燕肃考虑到大月有 30 天、小月有 29 天，便根据天数又进行了精确推算。他还写了《海潮论》，画了《海潮图》，用图像说明了潮汐变化的原理。

燕肃是北宋科学家，改进了指南车、记里鼓车等仪器。为研究潮汐，他进行了大约 10 年实地考察。英国科技史学家李约瑟说："燕肃是个达·芬奇式的人物。"

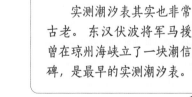

实测潮汐表其实也非常古老。东汉伏波将军马援曾在琼州海峡立了一块潮信碑，是最早的实测潮汐表。

实测钱塘江大潮

随着打渔、制盐、航海、海战、海岸工程的发展，古人对潮汐更加关注。由于各个海域的地形、水温等都不一样，理论潮汐表总是与实际潮汐有出入，实测潮汐表便应运而生了。北宋学者吕昌明编制了钱塘江的实测潮汐表，记录了每天高潮的时间。

四海测验

世界天文史上的盛事

唐朝著名的天文学家、僧人一行本名张遂，他制造了黄道游仪、水运浑天仪。他还是世界上第一次用科学方法测量地球子午线的人，他制定的《大衍历》在唐朝时传入日本，被使用了近百年。

元朝科学家郭守敬（公元1231年—1316年）从小勤奋好学，博览群书，长大后入朝为官。有一年，他在太史院担任长官，负责天文历法等事项。有一天，郭守敬向元世祖忽必烈提出，要在全国范围内进行一次大规模的天文测量，以编制新的历法。为了说服忽必烈，郭守敬举例说，在唐朝时，僧人一行就曾带人在全国13处观测点进行过天文测量，如今大元王朝的疆域超过了唐朝，更应该派人分赴各地进行实测。忽必烈听了深以为是，"四海测验"就这样开始了。

古代的天文研究所

为进行"四海测验"，忽必烈派出14位监侯官，分道而行，在全国27个地方建造观星台。郭守敬亲自主持建造了河南登封观星台，台顶放着简仪、仰仪、圭表等天文仪器，用来观测日月等星体的运行。

登封观星台复原图

里程碑式的实测

元朝疆域广袤，各地天亮和天黑的时间都不一样，因此，"四海测验"并未局限于皇宫附近，而是从东边的朝鲜半岛开始，一直到西边的四川、云南、河西走廊，北边则延伸至西伯利亚，南到南海黄岩岛。"四海测验"测量地域广阔，测量内容繁多，测量精度极高，测量人员极多，是世界天文史上的一座里程碑，比西方的大地测量早了620年。

还有一个"世界第一"

郭守敬从上都（今内蒙古多伦）、大都（今北京）开始，来到河南，又去南海，风雨兼程跋涉了几千里，亲自参与一路上的重要测验。在南海观测点，他登陆了黄岩岛，之后又登陆了附近的一些海岛，进行精细的测量，这是世界上第一次对黄岩岛进行的地理测量。

郭守敬得到"四海测验"的数据后，并没有直接编写历法，而是翻阅参考了1000多年以来的相关资料、70多种历法，进行充分考证后，才谨慎编写的。

简仪

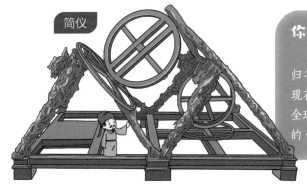

你知道吗？

郭守敬又改良了简仪等天文仪器，测算出一个回归年是365.2425日，即365天5时49分12秒，与现在的观测数值365.2422日仅差25.92秒，与今天全球通用的公历周期相当。郭守敬等人据此编制成的《授时历》，成为当时世界上最先进的历法之一。

70 岩溶考察

徐霞客的贡献

明朝人徐霞客（公元1587年—1641年）是一位杰出的探险家、地理学家、文学家，他从小受父亲影响，淡泊功名，喜欢游历山水。他立志：男子汉大丈夫，应该早上面朝大海，晚上面对苍松。22岁时，徐霞客开始离家远游，他主要依靠步行，走遍了大半个中国。最终，他把30年的考察成果写成《徐霞客游记》。书中记载了他探索岩溶地貌的经历，并分析了成因。这是世界上第一次系统地记载岩溶地貌。

你一定不要误会，以为徐霞客是第一个发现溶洞的人。在他之前，古人早就发现了溶洞，但没有任何人像他一样专门研究记载南方的岩溶地貌。他曾在广西、贵州、云南等地探寻了几百个洞穴，是世界上考察岩溶地貌的先驱。

《山海经》里的溶洞

《山海经》里记载的"南禺之山""熊山""视山"都有洞，夏天水会流出来，冬天就干涸。这就是地下溶洞。

地球上很多地方都有岩溶地貌。只不过，在国外，它被称为"喀斯特地貌"。"喀斯特"的意思是岩石裸露的地方。

《梦溪笔谈》里的石钟乳

在徐霞客之前，宋朝科学家沈括写的《梦溪笔谈》中，曾谈到石钟乳的形成原因，说洞里的水滴下来形成了钟乳。但沈括没有对岩溶地貌进行系统性的考察。

我忙不过来，这事留给更专业的人吧。

没有流水，就没有岩溶地貌；没有石灰岩，也没有岩溶地貌。而且，气候还要潮湿，经常下雨。只有这样，石灰岩才能被水腐蚀、溶解，形成光怪陆离的岩溶地貌。

峰林

漏斗

落水洞

石钟乳

溶洞

石柱

石笋

暗河

石幔

石幔
如果水像瀑布一样流下来，溶蚀岩石很厉害，就会形成幔帐一样的奇观。

峰林
地壳每一秒钟都在运动，导致有些山体上升，流水又赶来"凑热闹"，再加上长时间的风化，石灰岩就变身为峰林和峰丛了。

漏斗
地表水聚在一起，压着石灰岩，形成塌陷，真的很像漏斗呢。大漏斗又叫天坑。

溶洞
地下水溶蚀岩石，形成了千奇百怪的洞。

石钟乳
从洞顶往下悬挂的碳酸钙沉积物，叫石钟乳，也叫钟乳石。

石笋
如果碳酸钙沉积物从地面像笋一样往上"长"，就叫石笋。

石柱
石钟乳往下"长"，石笋往上"长"，它们相遇连接在一起，变成了石柱。

石钟乳的诞生

含有二氧化碳的水，渗到含有碳酸钙的石灰岩中，它们会结合出碳酸氢钙。碳酸氢钙溶入水中，往下滴落，这时水会蒸发，二氧化碳会飘走，只剩下碳酸钙，碳酸钙一点点慢慢堆积，经过漫长的时间，就堆积成了各种各样的石钟乳。当你看到一个一米左右的石钟乳时，它其实已经是千万岁的老爷爷了。

徐霞客的考察

中国的西南地区是世界上可溶岩连续分布面积最大、热带亚热带岩溶地貌发育最典型的地区，徐霞客在西南进行了3年多的考察，考察范围比同时期的西方学者更广阔。他也是世界上第一个论述热带岩溶的人。在洞穴学方面，徐霞客准确、细致地记述了300多个洞穴，几乎涉及洞穴学的各个分支。

自己制造石钟乳

把小苏打加入水中搅拌，直到小苏打不再溶解；再把小苏打水分成两杯，把一根棉线的两端搭在两杯水中，一会儿你就能看到石钟乳啦。

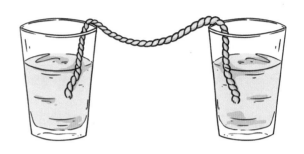

你知道吗？

四川兴文县有一个天然大漏斗，直径600多米，深208米，比美国阿里西波大漏斗还大。阿里西波大漏斗直径330米，深70米。

暗河

地下水在溶洞里越积越多，就"长"成了河流。因为"隐身"在地下，地表上的人看不见它，所以叫暗河。

《徐霞客游记》的贡献

徐霞客写下的《徐霞客游记》是世界上第一部石灰岩岩溶地貌学、洞穴学著作，为世界岩溶学做出了重要贡献。

落水洞

漏斗仍然逃脱不了被溶蚀的命运，洞越来越大，水流从洞中落下，就叫落水洞。

石笋能长多高

湖南张家界的一个洞中，有1700多根石笋，最高的超过19米，好像藏在地下的"定海神针"。

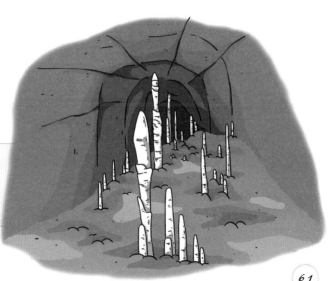

71 算筹

先进的计数

相传黄帝时代，古人还不会记数，人们想表达"数"的时候，就会比画手指。可一个人只有10根手指，如果数很大，就不知道该怎么办了。为了解决这个问题，黄帝让史官隶首想个办法。隶首想：既然大家都以手指记数，如果用不同的符号来表示不同的手指，不就能轻松表示各种数目了吗？于是，隶首经过研究，发明出了从"一"至"十"的原始符号，创造了算筹。

十进位值制

就像人有 10 根手指一样，十进位就以十为基数，它的特点就是：每满十，就向前一位数进一；每满 20，就向前一位数进二……以此类推。看出来了吧？十进位其实是用位置来体现数的，这就是位置值制。

你知道吗?

在世界上，古埃及人最早使用十进制，但这种十进制并无位置的概念；最早的位置值制，是两河流域的六十进位值制。而十进位值制计数法，也就是现代全球人通行的计数法，很可能最早出现在中国。

1 2 3 4 5 6 7 8 9 10

100   1000   10000   100000   1000000

甲骨文上的十进制

商朝时，古人就开始使用十进制。甲骨文中有一到九、十、百、千、万共 13 个数字符号，前 9 个与后 4 个写到一起，分别表示十、百、千、万的倍数。前 9 个是两个字合成一个字，后 4 个是两个字一前一后写。

商朝人记录数时，顺序是几万几千几百几十几，有时也用"又"在万、千、百、十字或其中一部分之后做连接，表示小于 10 万的数。

古老的筹算

早期，十进位值制计数法是算筹计数法。如果总是让你用一堆石头或绳子计数，你肯定容易搞乱，古人也一样。春秋战国时，古人为了方便，发明了筹算。筹算的计算工具是算筹，即一根根小棍子。一般来说，一根棍子竖着放就代表 1，横着放就代表 5。筹算记数分为纵式和横式，用纵式表示个位、百位、万位，用横式表示十位、千位。

小木棍大贡献

算筹的最大特点是：简便，快捷。一直到元明时期，它都是古人常用的计算工具。正是看起来不起眼的小木棍，造就了中国古代数学长于算法的特点。

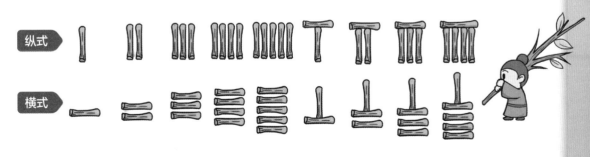

纵式

横式

1 2 3 4 5 6 7 8 9

72 中国珠算

小珠子创造的奇迹

你知道吗？

珠算使计算有了飞跃性进步，英国科技史学家李约瑟称之为中国的"第五大发明"。

汉朝人刘洪（约公元 129 年—210 年）从小勤奋好学，身为皇室宗亲，他很年轻就做官了。他爱惜百姓，清正廉洁，很受拥戴。他还利用闲暇时间研究天文和数学。当太史令时，他撰写了《乾象历》，这是中国第一部引进月球运动不均匀性理论的历法，但他生前并未看到这部历法被采用。他的学生称赞他"博学多闻，偏于数学……其一珠算"。据称，是他发明了珠算，他被誉为"珠算之父""算圣"。

数手指头这件事

在珠算出现之前，古人怎么计算呢？答案是：靠手指呀！"屈指可数""屈指算来"这些词语就能反映出祖先们最早的"计算器"是手指。千万不要小看数手指头这件事，它催生出了十进位制这个美妙发明。之后，古人又摆树枝计数、垒石计数、结绳计数，最终孕育出筹算、珠算。

神秘的陶丸

1978 年，陕西省岐山县凤雏村出土了西周时的文物，其中有 90 粒陶丸，青色的 20 粒，黄色的 70 粒。专家推测，这可能就是当时用来计算的珠子。

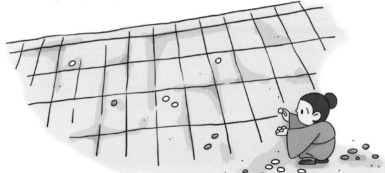

海昏侯墓里的发现

西汉海昏侯墓中出土了一块石板，上有一排排的方格，还出土了白色玉珠、黄紫色玛瑙珠，符合史书对游珠算盘的记载，堪称"世界上最古老的计算机"。

游 珠

你一定猜不出最早的算盘是什么样子的。它的珠子是不固定的，游离于算板，所以叫"游珠"。算板分为三部分，上部和下部用来放游珠，中部用来定位，珠子用不同颜色来区分。

▶ 每一列有 5 颗算珠，上方有 1 颗算珠，下方有 4 颗，寓意春夏秋冬。
▶ 算珠在上、中、下游动，寓意游动于天、地、人之间。

西方的算盘

汉朝出现游珠算盘时，西方的古希腊用的是沙算盘，就是挖一些沙沟，摆放一些石头进行计算。古罗马人用的是沟算盘，就是在长方形托盘上摆上石头计算。欧洲也有算盘，但十分原始，不易计算，最后都放弃了。

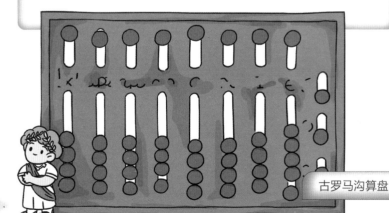

古罗马沟算盘

"珠算"一词出现了

"珠算"一词第一次出现是在公元190年的东汉时期。很多商人都用珠算，但古代重视农业，歧视商业，瞧不起商人，所以珠算并未受到重视，古籍中很少记载。

串珠

游珠使用起来不太便捷，还容易散失，于是，有人想到把算珠穿起来，固定在木框中，这下就更好用了。

无梁和有梁

起先，算盘只有框，没有梁和档。后来，有了梁，穿了档，又有了算盘口诀，算盘更普遍了。一般的算盘为上面2颗珠子，下面5颗珠子，上面的一粒表示"5"，下面的一粒表示"1"，计算时，每一档满"5"时用一粒上珠表示，每一档满"10"时，向前一档"进1"。

算珠挂腰上

早期，古人会把算珠放在袋子里，挂在腰上，使用的时候就放在算板上，如果没有算板，就在地上画格子。

乘法口诀

珠算以算盘为工具，运用口诀，通过手指拨动算珠，进行加、减、乘、除和开方等运算。唐宋时期，经济繁华，数字计算非常多，出现了大量口诀，已经和今天的口诀基本一致了。

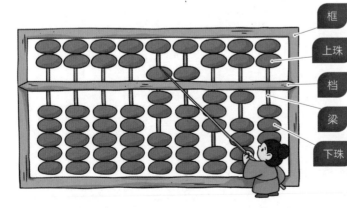

框
上珠
档
梁
下珠

看见了吗？宋朝货郎的担子上有算盘。

名画里找算盘

《清明上河图》中，赵太丞药铺的桌面上摆着一个有梁穿档算盘，为中国历史上最早的有梁穿档算盘图形。

算盘大聚会

古代算盘的材质五花八门，有玉的、象牙的、犀牛角的、青花瓷的、紫檀木的、绿松石的、景泰蓝的……有的算盘还带着抽屉或文房四宝，便于算账时使用，是不是想得很周到？

二下五去三，三下五去二……

我也会背！

程大位

明朝时，商人程大位因时常要算账，特写成《算法统宗》一书，描述了珠算的规则，确立了算盘的用法，完善了珠算口诀。明朝末年，此书传入朝鲜、日本，后又传到欧洲。

朱载堉

朱载堉是明太祖朱元璋的九世孙，他拒绝继承王位，一心一意沉溺在天文、数学和音律的研究中。他用横跨81档的超大算盘进行开平方、开立方计算，创造了十二平均律。

垛积术

数酒坛子的学问

宋朝时，城市繁华，有很多茶肆和酒店。一些酒家为了节省地方，经常把酒坛堆积起来，形状就像倒扣的斗。有一天，官员沈括（公元1031年—1095年）注意到堆积起来的酒坛，便问掌柜，一共堆了多少酒坛。掌柜面露难色，因为他也记不得了。沈括更加好奇，决定用一个快速的方式计算出来。沈括仔细观察坛堆，发现坛堆的四面是倾斜的，但边缘有亏缺，中间又有间隙。他反复思考，反复计算，反复验证，发明出了隙积术。垛积术就是在隙积术的基础上发展形成的。

瓶瓶罐罐引发的数学

宋朝时手工业非常发达，生产出很多坛子、罐子、瓶子等，堆垛成各种多面体的形状。数学家们认识到，《九章算术》中关于多面体体积的算法已经不再适用了，便丰富和发展了隙积术，最终形成了垛积术。

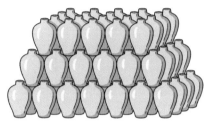

垛积术到底是什么意思

关于这个问题，可以从隙积术说起。隙积就是有空隙的堆垛体，像垒起来的棋子，也像酒铺里叠起来的酒坛。垛积术的意思就是：由层数求某一个垛积的总和，或者由其总和求其层数。

垛积术的巅峰

元代数学家朱世杰深入研究了垛积术，归纳出三角垛公式，把三角垛公式引用到"招差术"中。他列出的招差公式，与现代通用的完全一样，比牛顿早了 400 年左右。关于垛积术的研究就此达到高峰。

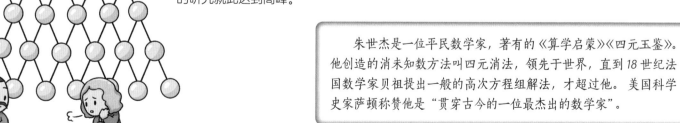

朱世杰是一位平民数学家，著有的《算学启蒙》《四元玉鉴》。他创造的消未知数方法叫四元消法，领先于世界，直到 18 世纪法国数学家贝祖提出一般的高次方程组解法，才超过他。美国科学史家萨顿称赞他是"贯穿古今的一位最杰出的数学家"。

74 制墨

木炭的妙用

相传周朝（公元前1046年—公元前256年）的时候，有一个叫邢夷的人，很喜欢画画。一日，他在河边洗手，看到水里漂来一块松炭，他的手碰到松炭后被染黑了。这时，他猛然想到，既然松炭可以把手染成黑色，那应该也能用于画画和写字。于是，邢夷把松炭带回家，捣成粉末，再加入糯米粥和锅灰，使其黏合凝固，搓成一个黑条。邢夷给黑条取名为"黑土"，又觉得草率，便把"黑土"二字合在一起，称为——墨。

松烟墨的"身世"

松烟墨刚出世时是"黑皮肤"，汉代皇帝会用它赏赐下属。唐朝时，经过朱砂等颜料"美容"，变成了"红皮肤"。人们尊称为朱墨，此外还有彩墨。后来，古松越来越少，不满10岁的小松树也遭砍伐，松烟墨家族就没落了。

做一块松烟墨

放灯盏

如果想制作一块松烟墨，先要在松树树干上凿出一个小洞，放一个点燃的小灯盏，使乳白色的松香流出来。如果没有松香流出，烧出来的烟就会粘在一处，不够松散。

进竹蓬窑

松香流干后，砍下松树，放进竹蓬窑；点燃松木，浓烟从窑上小孔钻出，但孔道狭窄，许多烟雾挤不出来，在窑内变成烟灰；几天后，松木烧净，等火堆冷却，就可以刮取烟灰了。

你知道吗？

还有一种油烟墨，就是把桐油放在一个个灯盏里，点燃灯芯，让油慢慢燃烧；灯芯上倒扣着碗，碗内会变黑，用鹅毛刷轻轻地将油烟刷到纸片上，就得到了油烟灰。一个熟练的油工可以管理200盏油灯。他必须动作敏捷，快点儿把油烟刷下来，否则油烟就老了，不能制出好墨。

75 唐卡

藏文化的"百科全书"

"唐卡"是藏语的发音，意为彩色卷轴画，专用于佛教供奉。关于它的来源，有以下几种说法：唐卡是随佛教一起传入西藏的，唐卡是受中原卷轴画的影响而形成的，唐卡最初是西藏僧侣随身携带的传教布画。

唐朝时，青藏高原上有一个吐蕃王朝，吐蕃王朝有一任赞普（相当于国王）叫松赞干布（公元617年—650年）。松赞干布统一西藏，发展农牧业，命人制定文字，并与大唐王朝联姻，被唐朝封为驸马都尉、西海郡王。松赞干布还从大唐王朝和天竺（今印度）引入了佛教。传说有一天，松赞干布正在绘画，突然流了鼻血，他认为这是神的启示，于是画了一幅吉祥天母白拉姆像，人们认为这就是最早的唐卡。

复杂而严格的画

唐卡上的内容丰富多彩，包括佛教故事、神话传说、医药、历史、建筑、天文等，被誉为藏族文化的"百科全书"。要想绘制一幅唐卡，需要花费很长的时间，有的甚至需要数年，因为它有一整套复杂的"程序"，一起来体验一下吧。

绷画布

将白棉布绷在画架上。

磨画布

用圆石头或碗沿摩擦布面，直到布纹变得光滑。

画轮廓

先在布上定线，确定尺寸、比例、位置，再描画轮廓。

涂底色

涂一遍颜色。

晕染

上"彩妆"，进行渲染，使其立体、丰富。

勾线

用细尖之笔勾描人物的肌肤、衣服及山石、云彩等。

勾金线

将纯金粉末与水、骨胶混合，涂描佛像的头饰、佛光等，使佛像好像会发光一样。

点睛

点上眼睛，如"画龙点睛"，使整幅画充满灵气。

你知道吗？

很多唐卡历经千年岁月仍不褪色，秘密就在于其颜料都是从天然矿物和植物中提取而来的。矿物颜料历经百万年才形成，化学物质很稳定，所以会持久不变色。有的唐卡还用黄金、珍珠、玛瑙、珊瑚和绿松石等作为颜料，十分昂贵；为了防腐，颜料中还会加入骨胶和牛胆汁；过滤颜料时可用厚实的羊毛。

76 曾侯乙编钟

伟大的乐器发明

春秋战国（公元前770年—公元前256年）时期，南方有一个小诸侯国——曾国。曾国有一任国君名叫乙，他足智多谋，勇武果敢，擅长车战，还喜欢音乐。有一年，乙命人用青铜打造了一套巨大的编钟，并经常观看编钟演奏。他非常喜爱这套编钟，临终前特意下令随葬。楚惠王听到乙的死讯后，派人送来一份祭奠之礼——一只镈（bó）钟。曾国把这只镈钟悬挂在编钟底架的中间位置，跟随乙一起葬入了地下。

锡的秘密

曾侯乙编钟的"身子骨"是由铜、锡、铅构成的，锡含量不低于13%，非常科学。因为如果锡含量低于13%，敲出来的乐声就很刺耳；如果锡含量过高，编钟就容易被敲碎。

铅的神奇

铅是一种神奇的元素。如果编钟里没有铅，编钟的"骨骼"就会很脆，不耐敲；如果含铅量过高，乐声就会干涩。曾侯乙编钟的含铅量为1%~3%，恰好使乐声韵味悠长。

震撼的一刻

1978年，考古队对湖北随州曾侯乙墓进行抢救性挖掘。墓葬打开时，四处是水，等到把水抽完，大家看到极其震撼的一幕：一个庞大的物体静立在地上，悬挂着层层古钟。这就是曾侯乙编钟。

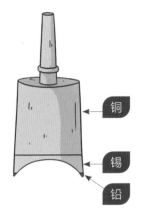

铜

锡

铅

只演奏过3次

曾侯乙编钟出土后，演奏过3次。一次是在复原后，一次是在中华人民共和国成立30周年国庆时，还有一次是在迎接香港回归时。

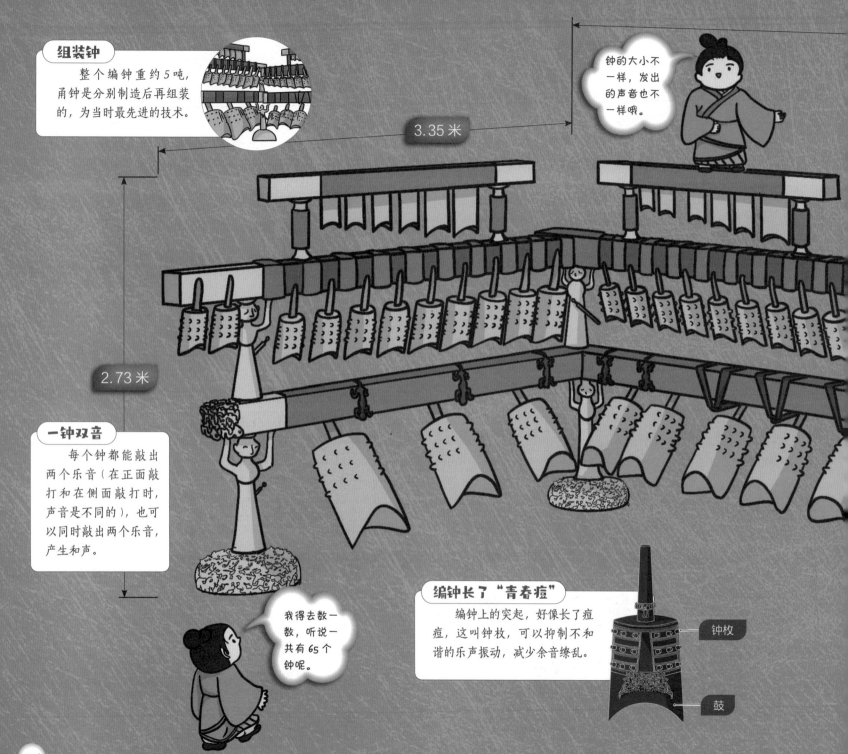

7.48 米

合瓦形

如果钟为圆形，敲击时，振动的曲线会连在一起，声音响个不停。古人把钟做成扁形，减少了声音之间的互相干扰。

编钟发声原理

钟小，音调高，音量小；钟大，音调低，音量大。

你知道吗？

曾侯乙编钟的音列为今天通行的 C 大调，能演奏七声音阶乐曲；比现代钢琴少一个八度，却比钢琴出现的时间早了 2000 多年。

19 只钮钟
发出高音

1 只镈钟
可单独悬挂
打击发音

33 只甬钟
发出中音

原来它就是楚王送给曾侯的祭奠之礼。

2.65 米

12 只甬钟
发出低音

6 个铜人

编钟的横梁由 6 个佩剑的青铜武士托举，构思奇特。

镈钟

此件镈钟和此套编钟本不是"一家人"，是当时下葬时临时去掉一个甬钟，加上了它。钟上刻有 30 多个字，记录了楚惠王把它送给曾侯乙的事情。

77 管口校正

关于竹管的事儿

西晋开国功臣荀勖（xù，？—公元289年）是一位文学家、音律学家。他走在路上，听到赵地商人的牛铃声，都能辨识出其中的音律。他掌管宫廷乐事后，发现音调不协调，便说："如果能得到赵地的牛铃音调就好了。"他命人送来牛铃，最终调好了音律。经过他修正的雅乐没有不谐韵的。为了校正音律，他还研制了12支律笛，通过改变律管的长度成功地进行了管口校正，是早期声学的重大成就之一。

律笛就是调节音律的竹管，也就是音高标准器，荀勖对每个笛孔的开孔位置都进行了详细的计算，并把数学公式记了下来。

空气影响声音

音律学是古代声学的重要部分，而确定标准音高则是音律学最基本的工作之一。用什么来确定标准音高呢？当然就是音高标准器啦。在西方，音高标准器以弦线为主，中国古人也这样做过，用蚕丝、马尾、动物筋腱等制造弦线……可是一旦空气中的温度、湿度发生变化，弦线受到影响，音就不准了。于是，古人开始用弦线和律管相结合的方法来确定音高。

为什么要 12 根律管

律管就是一根管子，两端开口，人从一端向管中吹气，空气就会在管中振动，发出声音。律管的长度不同，发出的音高也不同。根据这一点，古人用不同长度的律管来确定音高，每一根律管对应一个音，最常用的是 12 音，就是十二律，所以需要 12 根不同长度的律管。

律衣：装律管的绢袋

12 根律管

马王堆汉墓出土律衣律管

一个被错过的发现

律管两端是开口的，它吹出的音也存在误差，要想保证律管的发音是准确的，必须要对律管进行管口校正。荀勖的办法是改变律管的长度。这个办法是成功的。

两位学者的发声

晋朝和北宋时，有学者提出，缩小管径可以完成管口校正。北宋学者写下了整套律管的长度、直径等研究数据，这在历史上还是第一次。

玉律

你知道吗？

使用律管作为音高标准器，在世界声学史上是一个奇迹，进一步推进了对有关音律的数学规律的认识。

王子的发明

朱载堉在数学、天文学等方面取得了巨大成就，他计算出的太阳回归年长度值与今天的数值只差17~21秒。英国科技史学家李约瑟称他为"中国文艺复兴式的圣人"。

朱载堉所绘节拍舞姿

明朝开国皇帝朱元璋的九世孙朱载堉（公元1536年—1611年），他父亲是郑恭王。郑恭王虽然身世显赫，但布衣蔬食、修德讲学、折节下士，深深地影响了朱载堉，朱载堉也养成了简朴敦厚、聪颖好学的习惯。不料朱载堉的父亲因为得罪了皇帝而被囚禁起来，朱载堉每天住在王宫外的土屋里，枕着草席睡觉，直到19年后父亲被赦免。父亲去世后，朱载堉放弃了王位，潜心研究天文、数学、音律，取得了震撼世界的成就，其中就包括十二等程律，也叫"十二平均律"。

难以理解的名字

"十二等程律"这几个字听起来十分晦涩难懂，如果叫它的另一个名字——十二平均律，是不是就有点儿容易理解了呢？慢慢地读这几个字：十二——平均——律，意思就是：把一组音平均地分成了 12 个半音音程的乐律体制。一组音就是一个"八度"。两个音的音调听起来几乎完全重合，这就是一个八度。

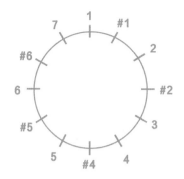

音乐王子的办法

朱载堉利用他出神入化的数学、音律学知识，直接把音的频率比定为 2：1，分成 12 个半音音程，解决了十二律单音演奏的难题，使乐音可以顺利转调，并能进行和音演奏，极大地拓展了乐曲的表现空间。

可以随意变调

十二等程律把一个八度的音程平均分割成 12 个半音音程，使相邻的两个半音之间的波长之比完全相等。无论是作曲家还是演奏家都可以随意地变调，充分表达自己的思想感情，而不再受乐器的限制了。

给钢琴定音

在制定十二等程律时，朱载堉运用了勾股定理等算法，还利用算盘第一次准确计算到了小数点后 24 位，远远超出了音律学应用的需求。现在，十二等程律作为最主要的调音法，广泛使用在交响乐队和键盘乐器的演奏中，钢琴也是根据十二等程律来定音的。

你知道吗？

18 世纪，德国作曲家巴赫用修正后的十二等程律作曲，获得了成功。此后，十二等程律在欧洲被广泛使用。

79 独轮车

不起眼的大发明

汉朝名士鲍宣曾跟随桓姓大儒学习，桓姓大儒赏识鲍宣能守清苦，便把女儿少君嫁给他，还给了很多嫁妆。但鲍宣并不高兴，他对少君说："你生于富贵之家，习惯了锦衣玉食，但我家贫穷，我们并不匹配。"少君听了这番话，明白了鲍宣的志向，于是脱去奢华服饰，换上粗衣陋服，满足了鲍宣的心愿。鲍宣于是接纳了少君，二人一起推着鹿车回到乡里。这种鹿车被很多人认为是独轮车。

你知道吗？

相传三国时期，诸葛亮率军北伐，为了运输粮食，发明了木牛流马。木牛流马只有一个轮子，也被认为是一种独轮车。

独轮车的"特技"

汉朝时，独轮车似乎不少，因为在一些墓室的壁画上画均有独轮车。独轮车有两轮车、四轮车没有的"特技"：凭一只单轮着地，窄路、山路、巷道、田埂、木桥统统都能通过。由于车子走过时地面会留下一条直线或曲线，所以独轮车又名"线车"。

惊人的载重力

独轮车设计巧妙，负重力惊人，一般能一次承载6个人的重量，却不用担心人拉不动，也不用担心车会被压垮。

▶ 独轮车看着简单，其实车轮制作复杂，先要做成多个扇形，再利用榫卯结构把它们拼接成圆形。

▶ 依靠榫卯结构连接后，独轮车在装满东西走颠簸的路时，不会轻易散架。

给独轮车加风帆

既然船能借助风力前行，车为什么不能呢？于是有人在车架上安装了风帆。有了风的助力，推车人更轻松了，这就是加帆车。

独轮车运用杠杆原理将重量分散在车轮（支点），也分散在车身和拉车人的身上，这才使它能够承载很多很重的东西。

支点

北方独轮车

有的北方人会用驴来拉独轮车，独轮车上安装了棚子，既可以装货，还可以面对面坐两个人。这种车能跑很远的路。

南方独轮车

南方的独轮车没有棚子，只有木头做的平板，靠一人推车。这种车装不了太多的东西，也走不了远路。

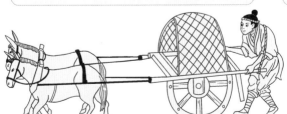

内 容 提 要

　　本套书《了不起的中国古代科技》精选了106个代表中国古代智慧的科技发明创造，1027个知识点，968幅手绘插画，以图文并茂的方式呈现给孩子，内容囊括了天文、数学、物理、地理、植物、动物、医药、农业、建筑、冶金等20多个领域的科技发明创造……让孩子在阅读时，不仅能深入感受古人的智慧，还能学习古人执着的求知精神，勇于探索、勤于实践、善于创造的优秀品质。

图书在版编目（C I P）数据

　　了不起的中国古代科技 ：全四册 / 邱成利，谷金钰主编 ；中采绘画，杨义绘. -- 北京 ：中国水利水电出版社，2022.10（2022.12 重印）
　　ISBN 978-7-5226-0834-1

　　Ⅰ．①了… Ⅱ．①邱… ②谷… ③中… ④杨… Ⅲ.①技术史－中国－古代－普及读物 Ⅳ．①N092-49

　　中国版本图书馆CIP数据核字(2022)第119174号

书　　　名	了不起的中国古代科技（全四册） LIAOBUQI DE ZHONGGUO GUDAI KEJI（QUAN SI CE）
作　者　名	邱成利　谷金钰　主编
绘　　　者	中采绘画　杨 义 绘
出 版 发 行	中国水利水电出版社 （北京市海淀区玉渊潭南路1号D座　100038） 网址：www.waterpub.com.cn E-mail：sales@mwr.gov.cn 电话：（010）68545888（营销中心）
经　　　售	北京科水图书销售有限公司 电话：（010）68545874、63202643 全国各地新华书店和相关出版物销售网点
排　　　版	北京水利万物传媒有限公司
印　　　刷	河北朗祥印刷有限公司
规　　　格	250mm×218mm　16开本　22.75印张（总）　304千字（总）
版　　　次	2022年10月第1版　2022年12月第2次印刷
定　　　价	198.00元（全四册）

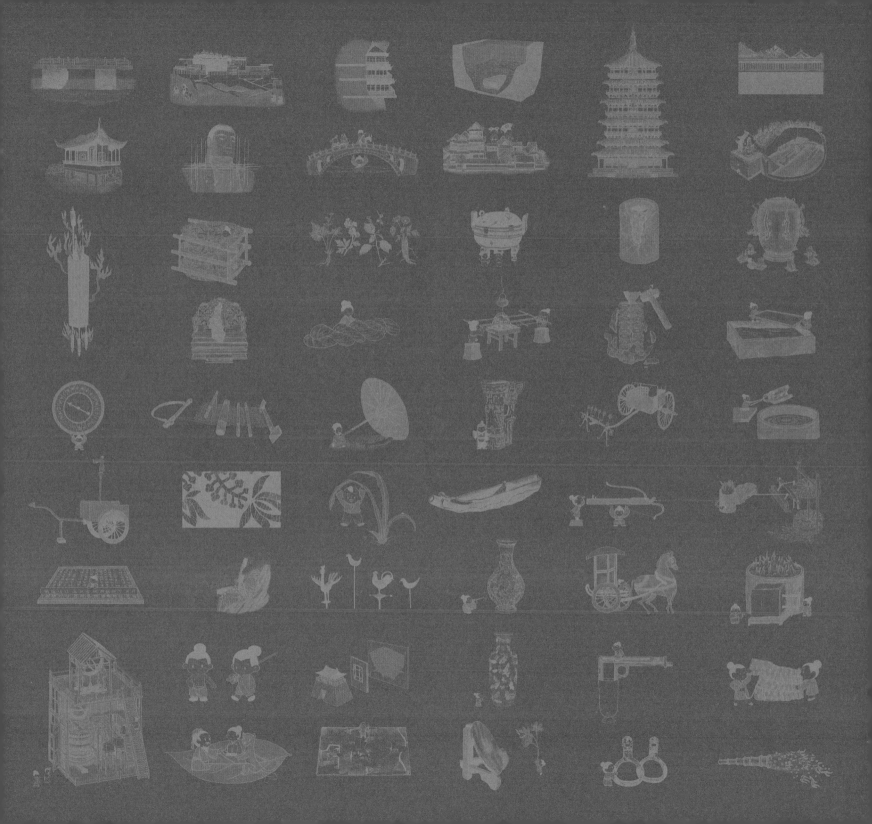

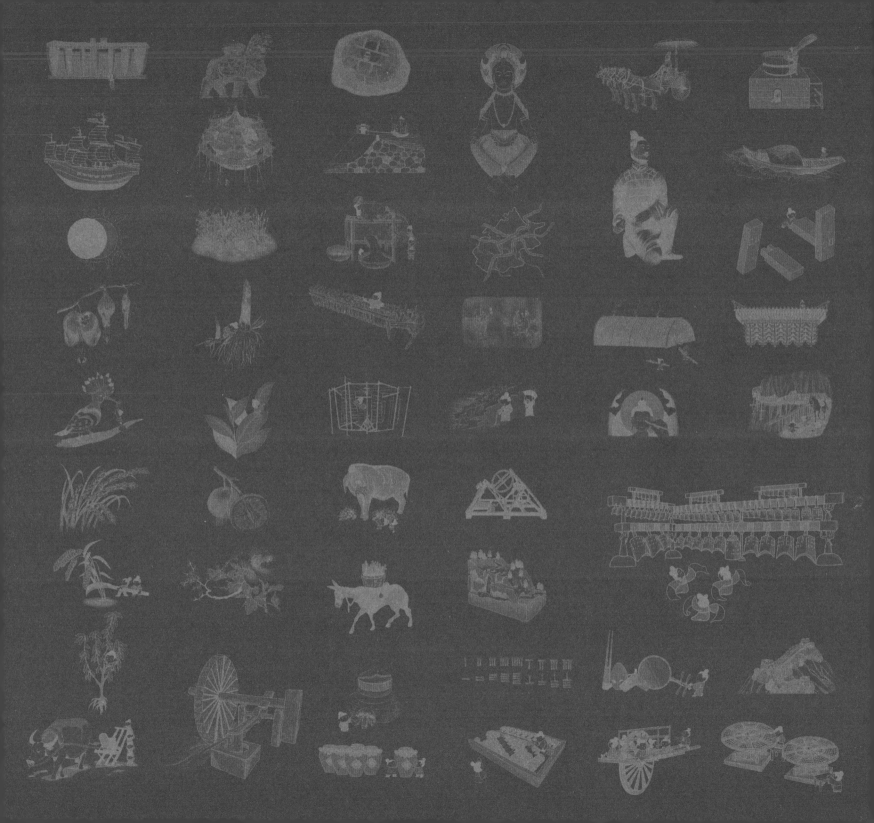